大学生领导力训练系列丛书

大学生决策能力训练教程

张　卫◎主编

知识产权出版社
全国百佳图书出版单位
—北京—

图书在版编目（CIP）数据

大学生决策能力训练教程 / 张卫主编． —北京：知识产权出版社，2021.7
（大学生领导力训练系列丛书）

ISBN 978-7-5130-7603-6

Ⅰ.①大… Ⅱ.①张… Ⅲ.①大学生—决策(心理学)—教材 Ⅳ.①B842.5

中国版本图书馆 CIP 数据核字（2021）第 133247 号

内容提要

本书从大学生领导力与决策能力培养、大学生学习力与领导力培养、大学生校园活动实践与组织力培养、大学生时间管理与执行力培养、大学生商务模拟与决策能力培养、大学生自我认知与决策能力培养、大学生职业规划与决策能力培养、大学生创新力与决策能力培养八个方面对大学生决策能力的培养进行了深入的阐述。本书倡导学生主体理念、尊重学生主体地位、充分调动学生的积极性和主动性，以具体案例为切入点，以活动训练为载体，以体验式训练为主要途径，针对大学生面临的实际问题与可能需求进行决策能力训练，提升训练成效。本书可作为从事高校学生管理和领导力培训相关教师及学生的参考用书。

责任编辑：许　波　　　　**责任印制**：孙婷婷

大学生决策能力训练教程

DAXUESHENG JUECE NENGLI XUNLIAN JIAOCHENG

张　卫　主编

出版发行：知识产权出版社有限责任公司	网　　址：http://www.ipph.cn
	http://www.laichushu.com
电　　话：010-82004826	
社　　址：北京市海淀区气象路 50 号院	邮　　编：100081
责编电话：010-82000860 转 8380	责编邮箱：xubo@cnipr.com
发行电话：010-82000860 转 8101	发行传真：010-82000893
印　　刷：北京中献拓方科技发展有限公司	经　　销：各大网上书店、新华书店及相关专业书店
开　　本：720mm×1000mm　1/16	印　　张：17
版　　次：2021 年 7 月第 1 版	印　　次：2021 年 7 月第 1 次印刷
字　　数：240 千字	定　　价：78.00 元

ISBN 978-7-5130-7603-6

自序 PREFACE

他山之石：大学生领导力教育

随着全球化进程的日益加快，多元文化的交流、冲突与融合正在社会生活的各个层面发挥着越来越广泛、越来越深刻的作用。体制的变革、结构的变动、利益格局的调整和思想观念的变化，使青年一代社会思想活动的独立性、选择性、多样性、差异性明显增强，在价值观念和价值取向上日益呈现多样化趋势，这大大增加了高校思想政治教育工作的难度和复杂性。新的形势下，机遇和挑战并存，如何有效开展思想政治教育，学界和高校都渴求在思想政治教育中寻找新的抓手和新的载体。

一方面，在经济全球化背景下，竞争变得更激烈，为了生存和有效竞争而进行重大变革已经变得越来越重要，从而需要学生具备强而有力的领导力来应对这一局面。另一方面，大学生在自身发展的过程中也面临着各种形式的困难和挑战，需要政府、高校、家庭、社区为大学生提供各种相关资源和支持。领导力教育自 20 世纪 80 年代在美国高校兴起，经过三十几年的发展，领导力教育的课程建设和项目开发已日臻成熟，并积累了一定的经验。领导力教育在致力于培养并提升大学生综合素质和创新变革的领导能力方面，在实践中的优越性已日益显现。

美国高校领导力教育在如何架构理论和实践桥梁的问题上，强调对学生领导能力的培养离不开在真实社会环境中的实践与磨炼，强调在通过讲授、研讨、互动参与的教学基础上，提供相关资源和活动以助力大学生领导力的开发。国内外领导力相关研究表明，个体的发展有几个关键的时期和关键的发展因素。在大学生获得相关资源的情况下，培养大学生领导潜力既可促进其综合素质提高，也是促进其长远发展的关键因素，同时也可有效避免高校德育教育资源投入的低效率问题。

前言 PREFACE

决策能力训练是提升大学生领导力的重要途径

人的一生，总有很多选择，不同的选择走出不同的人生。一个看似简单的选择，却可能让人举棋不定。因为，你很难预料，你的这一选择将会带你走入怎样的时光隧道。事实上，当代大学生在日常学习生活中面临着各种各样的选择。例如，培养素养是选择参加学生艺术社团，还是参加科研创新项目；选课是选内容简单容易通过的课程，还是选择课程难度大但内容丰富的前沿知识课程；社会实践是去企业实习积累工作经验，还是投入实验室项目提升科研创新能力；毕业是先就业还是先考研，是选择国内考研还是出国读研……这些看似简单的选择，可能是单一的抉择，抑或是多个选项中的组合选择。匮乏的决策能力，时间约束下的匆忙决定，常常导致事后的懊悔和烦恼，这都需要大学生提升决策能力，把握未来的命运。

决策是组织或个人为了达到某个重要目标而在两个或两个以上方案中进行选择、判断和抉择的过程，它需要在一定时间内实施，涉及行动方向、内容、方式或方法的选择与调整。决策能力是个人或组织面临重大机会或挑战时的抉择能力，决策过程涉及调研分析能力、沟通能力、组织协调能力、团队合作能力等方面，是当代大学生领导力的重要组成部分。大学生在日常生活中会面临各种决策情境，由于缺乏决策能力，容易迷茫和陷入困境，很可能做出不太适合自己的决策，浪费时间，甚至影响个人发展。大学生领导决策能力与一般意义上的决策能力有所差别，与通常以经济利益为主要目标、在重要性排序中做出抉择不同，大学生决策能力训练教程的最终目标，应当是帮助大学生确定正确价值观、提升其素质与能力。

一、决策能力是大学生领导力的核心内容

决策是管理学研究的核心内容，历来受到管理决策研究者和培训者的重视。决策能力训练在管理培训、领导者素质拓展等课程中占有重要位置。在大学生领导力中，决策能力是非常重要和核心的部分。大学生在成长过程中，经历了很多训练，但大部分大学生人生中的重要决策，往往由家长完成。大部分大学生缺乏对决策能力重要性的认识，缺乏决策体验与训练，在决策能力方面存在较大的欠缺。大学生决策能力水平的高低直接决定了其领导力的强弱，因此依据管理学、心理学等理论，科学地加强大学生决策能力训练，具有重要意义。

二、决策能力训练是培养大学生担当精神的重要途径

就个体而言，人生重要决定都要由自己来做，不能由他人来代替，要树立为自己的每一个抉择而负责的意识。这样的人生才能由每个人自己掌握主动权，充分发挥个人的主体能动性。例如，校园生活决策训练着眼于大学生在日常生活中面临的决策难题，通过决策方法训练，培养当代大学生自立、担当，勇于负责的精神和能力。

三、决策能力训练能够培养大学生理性分析、合作沟通技能

当代大学生是充满个性、自主性的一代，与此同时，以自我为中心的特征也更为凸显。决策中，大学生往往会因为个人的知识、经验、家庭背景等因素对判断和抉择的思路及方法产生的影响，做出相对片面的决定。大学生决策能力训练，可以调整和改变大学生个人的价值观、常识经

验、性格特征等方面的局限性，帮助大学生提升对个人决策的理性分析与判断能力，增强分析复杂信息和决断的勇气和能力，提高决策合理性。

四、决策能力训练是一个引导大学生学会选择的过程

大学生毕业后踏上社会，将会面临丰富的信息与多样的抉择机会，并随时可能会面临重要抉择。拥有决策能力能够帮助大学毕业生更加顺利地度过过渡期。实际上，大学生在校期间面临的抉择与毕业后相比有很大不同，他们常常面临选课、重选专业、参加社团、职业规划、求职选择等多方面的选择，为使青年大学生顺利度过四年的大学生活，获得精神富足与个人成长，需要提高大学生大学学习生活中对有关事项的决策能力。

五、决策能力训练可以更好地培养大学生团队合作能力

当今的社会充满竞争，需要团队共同进行决策，以应对日益复杂的内外部环境。由于现今决策情境日趋复杂，要求综合许多领域的知识才能解决问题，这些跨领域的知识往往超出了个人所能掌握的限度；同时决策相互关联的特性在客观上也要求不同领域的人积极参与，积极提供相关信息，从不同角度认识问题并进行决策。在综合不同人员意见的基础上形成对问题趋于一致的看法，从而有利于与决策实施有关的部门或人员的理解和接受，在实施中也容易得到各部门的相互支持与配合，从而在很大程度上有利于提高决策实施的质量。这对于大学生有效决策、顺利执行决策具有重要价值。

大学生决策能力训练项目作为上海理工大学大学生领导力项目建设的子项目之一，旨在通过情境模拟和课程实训，引导大学生积极收集信息，评估各种方案的可行性，进行最优、最适合的抉择，以期提升大学生沟通能力、组织协调能力、策划能力、选择能力、团队合作能力。该项目包含大学生领导力与决策能力培养、大学生学习力与领导力培养、大学生校园活动实践与组织力培养、大学生时间管理与执行力培养、大学生商务模拟与决策能力培养、大学生自我认知与决策能力培养、大学生职业规划

与决策能力培养、大学生创新力与决策能力培养人八个部分。第一章由张卫编写，第二章由郭晓编写，第三章由陈晨编写，第四章由关滑琦编写，第五章由李晓静、周丽娜编写，第六章由吴玉婷、王强编写，第七章由刘成编写，第八章由陈颖编写。

本书倡导学生主体理念、尊重学生主体地位、充分调动学生的积极性和主动性。通过对大学生面临的实际问题与可能需求进行决策能力训练，以具体案例为切入点，以活动训练为载体，以体验式训练为主要途径提升训练成效。配套训练根据不同模块，采用团队和个体两种方式，从而使训练更具针对性和实效性，注重体验式、反思式培训，力求做到“训前有准备、训中全投入、训后有提高”。

目录 CONTENTS

第一章 大学生领导力与决策能力培养 / 1

单元一 理性决策和非理性决策 / 6

单元二 领导力与决策能力培养 / 21

第二章 大学生学习力与领导力培养 / 40

单元一 学习、学习力的基本概念 / 42

单元二 学习力提升的路径与方法 / 49

单元三 学习力与领导力培养 / 59

第三章 大学生校园活动实践与组织力培养 / 71

单元一 校园文体活动实践与组织力培养 / 73

单元二 竞赛活动实践与组织力培养 / 84

单元三 志愿服务暑期实践与组织力培养 / 90

第四章 大学生时间管理与执行力培养 / 96

单元一 时间管理的概念梳理及现状分析 / 100

单元二 时间管理与执行力训练 / 114

第五章
大学生商务模拟与决策能力培养
/ 132

单元一 商务模拟 / 135
单元二 创业计划书和商业策划 / 140

第六章
大学生自我认知与决策能力培养
/ 152

单元一 认知和自我认知 / 154
单元二 自我认知与决策能力培养 / 162

第七章
大学生职业规划与决策能力培养
/ 172

单元一 职业规划决策理论 / 177
单元二 职业规划决策能力训练 / 189
单元三 职业规划决策能力应用 / 200

第八章
大学生创新力与决策能力培养
/ 209

单元一 创新思维与创新力 / 214
单元二 创新力与决策能力培养 / 232

参考文献
/ 257

第一章　大学生领导力与决策能力培养

【训练导言】

本章通过大学生领导力与决策能力的实训，将工具理性与德育价值性交融，力图实现大学生领导力与决策能力课程的工具理性与德育价值的内在统一。所谓“工具理性”，就是通过实践的途径确认工具（手段）的有用性，从而追求事物的最大功效；“德育价值性”侧重追求人的自主、独立、能动与创造性。大学生领导力与决策能力的工具理性帮助学生对组织和个体决策有一个较为立体的认识；德育价值性主要体现为引导学生从德育和哲学角度认识决策伦理与德育价值、决策环境与德育价值、决策实践与德育塑造关系，辩证认识决策是受到现实、历史环境制约的，是受到整个社会价值体系和一定社会历史文化环境影响的，具备有限理性，从而使大学生在决策中能够恰当地选择决策工具和方法，审视决策的宏观和微观环境，把决策伦理贯彻到具体决策方案中，在决策伦理、实践建设中贯穿和体现新时代社会主义核心价值观。显然，决策的工具理性与德育价值性是相辅相成的，脱离工具理性（课程的知识与技能实训）的德育价值好比“空中楼阁”，同样，通过对大学生领导力与决策能力知识和技能进行价值思考，知识的意义才能够得到建构。

本章立足工具理性与德育价值交融的视角，探索在大学生领导力教育中的工具理性与德育价值性的内在统一，力求在联系学生实际的过程中把握德育渗透的着力点。

【训练目标】

通过大学生领导力决策的实训，力求在联系学生实际过程中把握德育渗透的着力点，实现大学生领导力决策能力的德育价值。

①通过决策能力实训了解决策所面临的难题，了解决策者的社会责任和实现路径。

②通过决策案例分析和实训，培养学生用全面的观点理解决策中的困惑，进一步提高辩证思维能力，提高正确的价值判断和行为选择能力。

③引导学生关注和研究领导决策能力，发展学生信息收集筛选能力，提高学生参与决策活动的整体水平。

【训练案例】

从“封闭”到“开放”——腾讯的再次新生

一、微信平台为何免费开放?

微信作为一种即时性的社交通信工具，融合了多种生活消费服务，支付选项中的“购物消费”中囊括了“吃喝玩乐”多种服务项目，“蘑菇街女装”“拼多多”“京东购物”都是微信生活服务程序的重要组成部分，多样化的生活服务也使微信成为网民重要的生活服务平台。

现在的腾讯正将所有的流量平台向其他企业免费开放，让这些企业获得流量入口。说到这里，可能会有人提出疑问，腾讯这是要做什么么？腾讯下属的微信社交软件不仅向京东、唯品会、滴滴打车这些互联网独角兽企业开放，社会各个行业的创业者、个体及其他企业都可以嫁接到微信流量平台上，享受微信提供的各种便利。如今的腾讯公司，将开放作为企业竞争的核心，将自己的资源向商家及用户开放。

二、“封闭”险让腾讯万劫不复

腾讯和奇虎360在2010年爆发了“3Q大战”，两家公司在社交媒体及互联网领域展开了激烈竞争，导致用户必须在腾讯与奇虎360之间做出选择。

腾讯在香港联合交易所主板上市后，坐上了中国互联网产业的头把交椅，但在腾讯和360大战之际，百度悄然而上，依靠强大的创新力，在市值规模上超越了腾讯。

腾讯最大的危机不是来自外部，而是激烈的“3Q大战”使腾讯丧失了用户的信任。此刻的“企鹅帝国”正面临成立以来最大的危机。

三、开放战略让腾讯化险为夷，拔得头筹

2010年，马化腾在结束腾讯公司12年庆典盛会后，向员工发送了电子邮件。邮件中他说道：

“自公司1998年成立以来，从来没有像今天这样遭遇如此巨大的危机，尤其这段时间以来，我们无形中陷入了‘愤怒’，将奇虎360当作我们最大的敌人。但历史告诉我们腾讯人，如果没有360给我们制造阻碍，我们也不会有这么多痛苦，更不会产生如此巨大的危机意识，也就不可能有我们现在的诸多感悟。或许在未来的某一天，当我们攀上另一个高峰时，我们要感谢今天对手给我们带来的考验。

“也许今天我不能向大家说明某项决策，但我们在今后能做到的是，将为我们的产品注入更多‘开放’元素，我们拥有的平台也将走向开放，帮助更多有梦想的企业发展，因为腾讯的梦想不是让自己变得更大更强，而是要帮助更多的企业走向成功，将腾讯塑造成受人尊重的企业。”

四、“封闭”走向衰败，“开放”获得新生

马化腾发给全体员工的这封电子邮件是腾讯从封闭走向开放的宣传书，也是腾讯再次获得新生的标志。

马化腾开放战略的核心步骤是由原来的“to C”（针对消费者）转变为“to C”和“to B”（针对企业）融合的模式。这是社交信息平台的本质转变，也是互联网行业的颠覆式变革。以前腾讯“to B”（针对企业）是

过度的封闭，但是现在的腾讯将自身拥有的资源和平台向企业全部开放。

格局决定一切：将你拥有的资源和平台开放和分享，或许能得到重生的机会。

五、面向开放：马化腾正确决策了哪些事情?

（一）制定开放战略

腾讯只做企业的“连接器”，面向企业和用户做“内容生产者”，其他业务全部放弃。马化腾说，要想让腾讯一家独秀，首先要做“减法”，去掉不适合自己的东西，然后再加入适合自己的东西。腾讯做出了选择，将流量平台向其他企业开放。

（二）开放平台

在2011年腾讯合作伙伴大会上，腾讯决定将QQ空间、电脑管家向合作伙伴免费开放。流量空间的共享，互联网创业者有了更好的起步平台，能在腾讯的产品上做出更多选择，而这势必帮助腾讯做出更多改变。

（三）投资收购

进行互联网全领域的大规模投资收购成为腾讯开放战略的重要环节，腾讯将目标锁在了互联网产业每个领域的前三名，为这些企业注入充足的资金，帮助这些企业快速成长。腾讯先后投资了滴滴打车、大众点评和58同城，而这些企业也先后成长为独角兽企业，市值均有大幅上涨。

一般从事投资的金融家可能会觉得，腾讯把自己重要的资源和平台都免费开放了，那么在收购其他公司时，是不是能依靠腾讯“走出去”的开放战略以较为低廉的价格收购其他企业呢？但马化腾没有这样做，他在投资其他独角兽企业时，表现出了极大的真诚，非但没有压低价格，还适当提高了收购价格。

（四）微信：生而开放、生而平等、生而免费

1. 生而开放

在2011年年初微信刚上线的时候，微信作为一种即时性的社交通信

应用，与QQ相比，使用更为便捷，用户体验更为出色，因为微信具有的一切功能和设置都是开放的。所有的终端接口都向用户进行免费开放，在2013年腾讯召开的微信开发者大会上，腾讯公布了十几个开放的接口。

2. 生而平等

尤其要注重的是，微信自诞生以来就将“生而平等”融入了自己的血液。即使腾讯自己的产品在链接微信接口时，也不会得到特殊的照顾，腾讯的互联网产品与其他企业的互联网产品在微信平台享受同等的待遇。从这个角度看，微信让不同用户的开发享受同样的权利和待遇。

3. 生而免费

无论是企业使用微信，还是个体用户使用微信，不需要付出任何成本就可以享受到微信提供的一切服务。能用微信获得多大收益，全凭借开发者自身的能力。

宏大的格局让腾讯再一次新生：马化腾从“封闭”到“开放”转变的背后体现出一个企业在面临巨大危机时做出的巨大改变，并让企业涅槃重生。

腾讯选择的开放战略，不仅让腾讯顺利渡过了危机，也让腾讯再一次获得新生，随之而来的是腾讯股价的快速飙升。截至2016年5月，腾讯的市值已经从最初的400亿美元猛增到1610.4亿美元，成为闻名世界的互联网科技公司。❶

思考题：

（1）结合案例，如何理解分析决策就是分析问题、识别机会和利用机会的过程？

（2）结合案例，分析腾讯从“封闭”到“开放”成功的前提和条件是什么。

---

❶ 朱雪芹 . 管理学基础 [M]. 北京：机械工业出版社，2018.

单元一　理性决策和非理性决策

【基础知识】

一、决策和决策能力

（一）决策的含义

决策是成功的关键，在日常生活和工作中，无论是个人还是组织，几乎每时每刻都在做出决策。那么什么是决策呢？对决策含义的理解各不相同，各有各的道理，在此我们将其分为广义决策和狭义决策。

从广义角度来看，决策是企业管理活动开展的基础，科学地做出决策是企业实现经营目标的前提。运用不同科学方法、科学理论，在分析多种主客观条件的基础上，根据企业经营管理中遇到的具体问题制订出各种备选方案，从中选出对企业经营最有效益的科学性方案，并对该方案实施的过程进行全面管控，是决策实现的必要过程。具体而言，需要决策者在企业经营过程中快速发现问题，针对问题确定目标，围绕制定的决策目标拟定多种备选方案并评估备选方案，选择最优方案，监控最优方案的实施全过程。

从狭义角度看，决策是解决现实生活中某类具体问题，从多种备选方案中选择具体行动方案的过程，即对某类具体问题或事件深入调研、选择及最终决定的过程。

决策能力是决策者所具有的参与决策活动、进行方案选择的技能和本领。

（二）决策的原则

决策原则是指企业在经营管理过程中必须遵循的指导方法和一般性的程序化准则。决策过程中，管理者需要遵循以下决策原则。

1. 科学性原则

科学性原则是管理者决策要遵循的基本原则，要求管理者能针对事物的具体特点和变化规律，从实际出发，抓到事物的本质，根据事物发展过程中的客观规律进行合理决策。科学性原则反对决策者的主观行为，要求决策者尊重事物发展变化的规律，从客观实际出发，杜绝孤立、片面的观点。

2. 系统性原则

运用系统论的方法进行决策是现代企业的重要决策方式。在现代的市场环境下，决策对象通常是一个由多因素组成的有机系统，将系统论的观点运用到决策体系中，是科学决策的重要保障，系统性原则要求管理者将决策看作多因素影响且相互作用的系统，以达成系统部分的最优组合和系统运行的最大效益为核心，追求企业整体决策效益的提升。为此，在决策过程中，要树立“整体大于部分之和”的思想，要统筹兼顾决策系统各个组成部分和各要素，系统某部分作用的发挥要以达成系统的运转目标为核心，且组织系统内的各层次、各要素及各个项目之间的相互关系要平均协调，能够动态反馈，以保持整体决策系统的动态平衡。

3. 满意性原则

决策的满意性原则是针对备选方案的最优选择提出的，因为决策者在决策之前，不可能掌握事物发展变化的全部信息，也不可能对事物未来的发展变化规律做出准确预测，不可能完全知晓各类备选方案的可执行结果。因此，决策者经常采用下属及其他组织成员可完全接受的满意度原则来衡量决策效果，即决策达到组织成员及下属满意即可。

4. 可行性原则

决策的最大作用是能帮助企业实现战略目标，而企业战略目标的实现则必须保障决策是切实可行的，并能反映在企业管理的方方面面。可行性原则要求管理者在进行决策时，不仅要考虑企业的现实需求，也必须考虑决策在企业管理过程中实施的可能性，管理者在决策过程中，不仅要对各种现实因素进行充分的评估分析和判断，也要考虑不利因素和可能成功的概率；不仅要分析现实需求与可能之间的距离，还要对决策的各种影响因素定量和定性分析。

5. 个人决策和群体决策相结合的原则

个人决策要求管理者能当机立断，能针对企业的经营状况快速做出决断；群体决策要求管理者能够充分发扬民主精神，根据企业管理的现实需求，将不同的员工聚集在一起，集思广益。企业的管理者面对问题时要抓住机会，有效规避决策风险，既不能让所有事情都通过民主化的群体决策进行，也要坚持个人决策与群体决策结合的原则，既要发挥个体的创造力，也要发挥群体智慧的优势，建立合理的决策机制，使决策的过程成为民主化的过程。

6. 反馈原则

反馈原则是要求企业根据决策的实施效果建立合理的反馈系统，通过各种手段检测决策的可实施性及决策效果，并适当地对决策方案进行修订。由于事物所处的外部环境及内在诱因是不断变化的，管理者受到自身的经验和知识局限，在决策过程中可能偏离既定的决策目标，这就需要建立科学化的反馈机制对原有的决策方案进行修订，以保障决策方案是切实可行的。

7. 创新性原则

科学的决策要求决策者能够对组织面临的客观环境进行有效分析，依靠自身准确的判断力和洞察力，以全局性的眼光进行衡量，善于开拓创新，能够针对决策问题提出新的决策方法，并能够针对决策的一般程序进行优化重组，提出新设想，创造出新的决策方法。

（三）决策的程序

决策作为一种过程，包括一定的步骤和程序，虽然实际决策的具体过程因决策的不同内容而异，但就一般决策而言，主要分为以下五个阶段。

1. 确定决策目标

目标是指管理者在特定的条件下所要达到的结果。为了在既定的时间内实现既定目标，管理者要在客观分析现实问题的前提下，对决策问题全面评估，明确决策满足的现实需求是什么，确定现实问题所处的状态、外部影响因素及其他相互作用条件，保障决策能达成现实目标，同时须将组织目标分解到组织的各个方面、各个层次、各个时间段，形成与组织结构相适应的目标结构系统。在确定决策目标时，应注意以下四个方面。

一是决策目标必须是科学合理且具体明确的，能清晰反映出决策问题。决策目标必须具有现实含义，决策目标的达成应是单一具体的，能使执行者快速领会决策的内在含义。

二要明确决策目标各类约束条件。要对决策目标进行科学判断，明确决策目标实现过程中的各类附加条件，否则，就可能造成虽然实现了目标，但整个形势却面目全非的后果。例如，制定了利润目标，但没有一定的品种、质量、成本、利润率等附加条件，就可能出现虽然完成了利润目标，但产品品类单一，质量不高的情况。通常情况下，决策目标的约束条件分为两类：一类是客观存在的限制性条件，如针对决策具体问题所需投入物质资源的多少；另一类是决策目标附带的多类主观需求，如目标的预期期望、目标预期达到的时间等。

三是处理好多目标的关系。一项决策常常有多个目标，众多决策目标既可能保持平衡，也可能互相排斥。如果不能厘清各个决策目标之间的关系，就可能导致决策目标不能发挥实效，给整个决策过程造成负面影响。对多目标的处理方法：首先，抓住主要目标，将各项目标按重要性划分为“必须达到的目标”“希望达到的目标”。设置决策目标时，以前者为主，这样能克服由于目标多而难以对比择优的困难。其次，要对多种类似的目标进行归纳和总结，为了使决策更加简洁，可以将类似的目标进行归类，如为了促进企业提高利润，将劳动生产率与降低人工费用相结合，制定出最优的成本目标，这样就可以剔除“降低原材料费”“降低人工费”等从属目标。最后，将一些必须达到的目标作为约束条件。例如，在做购买拖拉机决策时，如果以“既能耕作又能运输”作为必须达到的目标，把购价低廉作为希望达到的目标，那么就可把前者作为约束条件。

四是决策目标的数量化。主要是针对决策要解决的问题确定决策目标可能产生的数量化界限，有些决策目标本身就是数量指标，如生产数量、产值大小、商品销量等。在订立决策目标时，要尽量避免使用“较大进步”“明显下降”之类含义不确定的词句来表述决策目标，对于一些不能用量化指标表示的决策目标，如企业的经营能力、员工工作的积极性等，应采用分级评分法尽可能使其量化。

2. 拟订备选方案

企业管理层在针对解决具体问题确定决策目标后，就应该针对决策目标制订出各种可执行的备选方案。拟订备选方案的原则如下：方案的整体详尽性原则，要把各类可落地执行的方案都能有效囊括到决策的备选方案中，以保障最有效的方案能不被决策者遗漏；方案的相互排斥性原则，是指针对决策问题制定的可执行的决策方案彼此之间能相互独立，不具备关联性。

在实际工作中，拟订各种可行方案需要注意以下几个方面：一是由近及远，即首先根据自身具备的知识经验快速寻找方案制定的突破口；二是由简及繁，即先制订简单的可行性方案，再制订复杂的可行性方案；三是寻求最有把握控制行动结果的方案，然后再寻找不易控制执行结果的方案；四是先寻求最容易快速解决问题的方案，然后再寻求需要付出较长时间和较大精力才能解决问题的方案。

3. 评价备选方案

在拟订备选方案之后，就应该遵循科学化的程序和方法评价所选方案。首先，要对方案的可行性进行评估。可行性是指执行这个方案的可能性。对一个处于经营困境的小公司，如果试行某一方案需要投入大量资金，那么该公司由于无法承受大量资金投入压力是无法采用该方案的，即该方案对该公司而言无可行性。其次，如果经过科学评估，某一方案有一定的可行性，那么接下来就要遵循满意度原则，分析该方案能否达到令人满意的效果。所以，满意度原则是指该备选方案能否满足决策所有条件的各项要求。例如，一个工厂管理者正在寻找提高40%生产能力的方法，其中一个方案是通过购买某个工厂生产线提高产能。但经分析，即使买下这个工厂，也只能使生产能力提高30%。很显然，这个方案未能令人满意。在这种情况下，他可能放弃这个方案，也可能选择买下该厂，再寻求其他途径解决剩余10%的问题。如果决策方案切实可行，又能取得令人满意的效果，则需要该方案的执行者对方案执行过后可能产生的结果进行评估。如果决定采用该方案，就要探究该方案在执行过程中给企业带来什么样的影响，这些影响又将带来什么样的后果，需要付出多大代价，所能收获的效益又是多少。因此，决策者必须综合多方面情况，对备选方案可能产生的代价与收益进行客观分析，否则即使该方案具有极大的可执行性，且能产生令人满意的效果，也会因为付出的代价大于收益，最终被舍弃。

4. 选择方案

针对具体决策问题进行方案选择应详细全面，可采用以下几种方法。

（1）经验判断法

决策者根据自身以往决策掌握的经验对决策的具体问题进行判断的方法。决策者的思维观念、领导力、知识储量和教育水平起着决定性的作用。

（2）数学分析法

它是利用变量之间的数量关系，建立数学模型，根据数学模型计算和比较选择的方法，如边际分析、盈亏平衡分析、线性规划法等。数学分析法，适用于有充分、准确的依据，应用变量为连续型的情况下的方案选择。

（3）试验法

按方案的设计，将备选方案分别在小范围内进行小规模实施，通过实施效果的比较进行方案的选择。应用这种方法，往往是当有些问题经反复计算、论证，仍觉得没有把握，或无法应用数学分析法进行选择时，只能通过模拟试验法来选择。

5. 实施方案

当方案被确定后，就要有计划、分步骤地实施。对于能局部试验且执行的方案，通常要通过小规模的试验验证其效果，以保障决策分析、选择的科学性与正确性。同时，在局部试验过程中也能针对决策前未发现的问题进行评估，并针对方案实施过程中出现的新问题，创造性地运用新方法加以解决，以保障该方案在全局实施以前，对原有的方案进行修正。对于无法通过局部实验探究的决策方案，需要将方案的实施过程进行具体拆分，分步骤、分环节地对该方案的实施进行管控，并能及时发现方案实施过程中存在的问题，设置好反馈机制，在重要环节可对方案进行修正和调整，使决策在实践中进一步优化调整。

（四）决策类型

1. 根据决策的可靠程度分类

在解决实际问题过程中，按照决策在组织未来发展中实现的可能性可以将决策划分为确定型决策、风险型决策和不确定型决策。

（1）确定型决策

确定型决策是指在决策目标和决策所处自然状态相对明确的前提下，且一种方案只有一种反馈结果，根据反馈结果判断方案可行性及应用优势的决策方法。例如，国内某地产企业决定向国外银行进行资金借贷，有 5 家国外银行在评估该地产企业财务状况后愿意为其提供贷款，标明的利率分别是 8%、7.5%、7%、6.9%、6.5%，这明显就是确定型决策，这家企业应该向利率为 6.5% 的那家银行贷款。

（2）风险型决策

风险型决策是指组织针对具体问题拟订的各种备选方案罗列出的各种条件是可知的，针对组织管理目标制订的每个备选方案在实施过程中都可能产生或好或坏的结果，每种执行结果都有其可能出现的概率，决策产生的各类执行结果只能通过概率计算。这些备选方案存在一定的风险，每种方案可能带来积极效应，也可能产生消极影响，需要慎重对待。

（3）不确定型决策

不确定型决策与风险决策类似，组织针对具体方案拟订的各种方案在落地执行过程中可能出现不同的执行结果，但这些执行结果出现的概率是不可计算的，完全依靠决策者的感觉或主观经验判断。

2. 根据决策的层次分类

管理者在制定决策时，会针对组织管理的现实需求及要解决的具体问题，在企业所在的决策层面将决策划分为战略决策、管理决策和业务决策。

（1）战略决策

战略决策是指事关组织未来发展及组织各方面各大事项变动可能产生变化的决策。这类决策除了要帮助企业提高经营能力，还要促进企业的经营活动与外部环境产生良好的互动效果，即企业内部的经营管理活动能够与企业外部环境相得益彰。战略决策往往由企业的高级管理机构制定与颁布实施，由企业全局角度做出，具有竞争性、周期性及可执行性的特点。

（2）管理决策

管理决策是指组织为实施战略决策，在人、财、物方面做出的具有战术效能的决策方案。这类决策能帮助企业提升管理能力。管理决策往往由企业的中层管理者制定实施，具有明显的局限性、半周期性和层次性特点。

（3）业务决策

业务决策是指企业在日常经营管理活动中，为提高生产效率、管理效率、经济收益所做出的决策。这类决策往往由企业的中层管理机构做出，具有明显的操作性、半周期性和常态化的特点。

3. 根据决策的重复程度和有无经验借鉴的分类

根据企业经营管理过程中面临决策的复杂程度和有无经验借鉴，可将决策分为程序化决策和非程序化决策。

（1）程序化决策

程序化决策是指组织内经常遇到、重复发生，有先例可借鉴，能按原有程序化范式、标准化流程开展的决策，决策的方法和步骤可以按照既定程序开展，并能重复使用，如企业日常物资的采购、日常会议安排等。

（2）非程序化决策

非程序化决策是指面对具体问题随机状态下做出的决策，在日常管理环境中具有极强的动态化特征，随着企业经营管理方式的变化而发生改变，且在无经验可供借鉴的前提下，难以依靠决策的方法和步骤使之程序化，如电子企业的新产品研发、装备制造企业的生产线扩建等。

4. 按决策方案之间的关系分类

根据组织在发展过程中面临的大量不确定性问题及决策问题与可执行方案之间的关系，可将决策分为接受或拒绝方案决策、互斥方案决策和组合方案决策。

（1）接受或拒绝方案决策

接受或拒绝方案的决策是指管理者针对组织管理实际问题对一种备选方案做出接受或拒绝的选择，是管理者单方面根据单一备选方案做出的选择，如缺乏市场竞争力商品的退市决策，是否接受质量上乘、价格实惠商品增加订单的决策等。

（2）互斥方案决策

互斥方案决策需要多个拟订方案的配合，决策者需要从多个待定方案中找出可执行的最优方案，也是针对多项备选方案的合理化抉择的过程，如电气企业的新产品开发、制造类企业的生产线更新等问题，都需要通过互斥方案进行决策。

（3）组合方案决策

组合方案决策是指决策者能从多类备选方案中选择出优势互补的决

策方案，在投资领域该类方案的运用较为普遍。

5. 按决策实施周期的长短分类

根据组织发展过程中面临具体问题所需决策周期的长短，可将决策分为长期决策和短期决策。

（1）短期决策

短期决策是指管理者在较短周期内，针对企业经营实际问题所做出的短期性决策。具体包括商品生产决策、成本核算决策、商品定价决策等。它的主要特点是结合企业现有的生产条件和资源条件在战术层面上进行决策，适用于企业短期经营活动。

（2）长期决策

长期决策是管理者针对企业经营具体问题，在企业特定发展周期全过程内做出的决策，这类决策所需时间长，由企业全局角度出发，重在解决企业未来的发展问题。长期决策的主要特点是对较长周期内对企业营收产生影响、需要投入大量资金且见效慢的问题进行决策，多用于企业长期的战略性问题。

6. 根据决策的目标、变量和条件能否量化来分类

根据决策的目标、变量和条件能否量化，可将决策分为定量决策与定性决策。

（1）定量决策

定量决策是指企业面临具体问题，所实现的决策目标是量化具体的，且决策目标的表现形式也是数量化的。例如，企业日常管理过程中有关提高产量及盈利收入的经营性决策都属于定量决策。

（2）定性决策

定性决策是指管理者根据企业经营目标做出定性描述或抽象表达的决策方式。组织机构设置的变化、专业人才的选拔调用、人员管理制度的更改等，都属于定性决策，决策者通过分析加以判断。

二、决策的重要性

（一）决策是组织管理活动开展的基础性环节

组织管理过程中，管理者不可能同一时段完成组织在一切领域开展的工作。管理者自身拥有的资源和条件，往往与其所要实现的目标不相称。因此，管理者针对组织管理做出决策的过程中，他必须分析哪些是较为容易并且能快速达到的目标，哪些决策问题需要暂时搁置，同时还要针对决策问题选择能快速达到决策目标的途径。在组织战略目标实现过程中，管理者要行使其他职能，如确定组织发展目标、规划组织发展战略、制订组织管理方案等。但与决策相比，它们并不是一个企业中重复性的工作。非重复性的工作在组织管理中具有相对的持续性，而决策属于组织中的非重复性工作，管理者随时可能受到来自组织内外各种因素的影响，这些问题会随时倒逼管理者做出决策，尤其是企业的最终决策者，要随时从全局角度对企业发展的长远问题和紧急问题做出决策。由于组织具有多元化结构，且组织在发展过程中会遇到各种挑战，所处的外部环境是多元变化的，因而科学决策显得更为重要。

（二）决策是管理工作能否有效落实的根本保障

组织管理工作能否取得预期效果，很大程度上在于管理者能否做出正确的决策。在现代市场竞争中，正确的商业计划是企业经营活动开展的基础，决策的正确与否对企业的经营成果有着至关重要的影响。从某种角度看，计划是决策落实的前提，也是决策工作开展的基础。但在计划拟订过程中，决策作用在计划的各个环节中。能否从众多备选方案中选择出最优方案，利用最优方案解决问题很大程度上需要管理者做出正确的决策。在管理活动中，计划是决策的具体表现形式，围绕决策制定和实施。因此，工作目标的实现很大程度上来源于决策，组织能否在激烈的竞争中生存发展乃至取得优势都取决于决策。正确的决策能助力企业发展，帮助企业取得良好的经济效益；错误的决策不仅使组织工作取不到实效，甚至给企业的经营带来消极影响。所以，对企业管理者而言，不是针对组织的具体问题做出决策，而是在组织发展过程中，根据组织的发展变化趋势，抓住时机，科学地进行决策，这是关系组织未来发展及预期目标的核心问题。

（三）决策是组织实施各项管理职能的保证

组织各项职能的发挥很大程度上取决于决策，组织发展过程中多种职能的发挥离不开决策的支持，管理者做出决策就是组织各项职能发挥的过程。若缺乏决策的支持，组织的各项职能难以发挥出来。可以说，决策贯穿在组织各项职能发挥的过程中。

（四）决策是现代管理理论运用的具体表现

决策活动是组织针对具体问题自发进行方案制订的过程，在组织内部管理机制塑造上，决策不仅是一种围绕管理者开展的高度自觉的管理行为，也是一项充满创造性思维的思想活动，是现代管理理论于组织管理中运用的具体表现。

三、理性决策和非理性决策

（一）理性决策和非理性决策的含义

理性决策论又称完全理性决策论，代表人物有英国经济学家 J. 边沁、美国科学管理学家 F.W. 泰勒等。他们认为，人是坚持寻求最大价值的经济人。经济人具有最大限度的理性，能为实现组织和个人目标而做出最优的选择。

非理性决策是指决策者在遇到难以决策的问题，或者无法客观判断决策问题，或者决策方案之间没有明显的优劣差异，或者决策问题要求决策者迅速做出反应，没有收集信息、分析论证的机会等，决策者只能依照自己的习惯、猜测、本能等非理性的心理因素，或者盲从权威的分析意见做出决策。

客观地说，任何决策过程都存在这种非理性因素的影响，当这种非理性因素在决策过程中占据主导地位时，这个决策就是非理性决策。

（二）理性决策和非理性决策的优劣

决策	优势	劣势
理性决策	理性决策前通盘考虑所有事实上可能的行动以及这些行动所产生的影响；决策者根据自身的价值标准，选择最大价值的行动，从而使决策的结果一定是正确的；在决策的过程中以及决策后避免负面的情绪；决策结果可辩解程度最高	社会现实不等于理论假设，理性决策模型的假设条件遇到诸多障碍；决策者受到价值观的影响，选择方案往往会发生价值冲突；决策受时间、资源的限制，对复杂决策不能做出长时间分析，决策者也不会花费太昂贵代价用于分析，或等待一切分析妥当再做决定，否则会贻误战机
非理性决策	有限理性：有限理性中决策者追求理性但又不是最大限度地追求理性。非理性决策者只要求有限理性。在决策过程中，决策者定下一个最基本的要求，然后考察现有备择方案，如果有一个备择方案能较好地满足定下的最基本的要求，决策者就实现了满意标准，而不再去研究或寻找更好地备择方案了。 直觉：直觉决策法是一种定性决策方法。直觉的优势在于：①寻求满意方案；②整体性；③参考点原则；④逐一排除；⑤满意决策；⑥创新性；⑦时效性	在非理性决策过程中，人们通常根据自身的经验来做出判断，而在非理性思维过程中，固有的思维惯性和思维定式势必影响对判断的决断。其中可能导致做出错误决策的思维习惯包括：框架效应、损失厌恶、锚定效应、过度自信和证实偏好

【训练活动】

活动一：游戏中的同花顺

活动目的：了解决策实质和团队决策的“威力”。

以 4 ～ 6 人为一组，通过小组活动了解团队决策的“威力”。

拿出一叠扑克牌（牌面上有各种漂亮的图案），把公司员工分成两组，请 A 组每人从中选取自认为最好看的两张；请 B 组每人选取两张红桃，并对点数做出明确要求。最后，请两组人员把牌亮出来。于是，出现了下面的结果：

A 组：黑桃 2、方块 A、黑桃 8、梅花 Q、红桃 3……

B 组：红桃 A、红桃 K、红桃 Q、红桃 J、红桃 10……

思考：两组的结果完全不同，A 组是一副杂牌，B 组却是一手红桃同花顺。为什么会这样呢？

这是因为，A 组员工没有得到明确指令，所以 A 组的人都是按照各自不同的审美来选牌的。我们不评判选择的优劣，但显然，A 组每个人的做法都是一种个人行为。个人行为与个人行为混合在一起杂乱无章。再看 B 组，清一色的同花顺，这才是组织行为。管理者能拿一副杂牌去打败对手的同花顺吗？当然不能。

提问：你所在的公司有这些迹象吗？

如果公司处于 A 组状态，这不是员工的过错，而是决策层有问题。想要得到一副同花顺，必须达到两个条件：第一，决策层要思路清晰；第二，要给员工发出明确指令。否则，员工们就会茫然失措、自行其是，就像刚才的游戏一样，最后形成的是一副杂牌。

活动二：决策陷阱

活动目的：了解决策陷阱，认识决策陷阱中所蕴含的德育价值。

以 4 ～ 6 人为一组，阅读并讨论如何应对以下决策陷阱。

“沉锚”陷阱：有一次你参加一个专家论坛，一位专家发表自己对未来 3 ～ 5 年市场的趋势预测，结果你不分青红皂白，信以为真，无论是分析竞争对手，还是思考市场策略，你都不由自主地想起他的论断，如果是这样，那位专家的意见和预测对你来说就是“沉锚”。

“有利证据”陷阱：有一家公司的产品准备进入上海市场，老板责成销售经理进行决策分析并提出决策方案。在收集信息的过程中，他的一位从事相似业务的朋友劝告他，千万不要贸然进入，理由是那个朋友自己刚刚失败而归，并给这位销售经理提供了许多不应该进入的信息。于是，在事先得到的“有利证据”阴影的笼罩下，这位销售经理迟迟拿不出令自己信服的市场方案。

“框架”陷阱：趋利避害是人的本能。为了确保安全，人们倾向于接受事物最初的框架，而不愿意冒险突破框架，尝试新的可能性。车轮一定是圆的，乌鸦一定是黑的，这些都是典型的框架思维模式。无论是你还是别人创造了问题的最初框架，都千万不要自动地接受它。要对一切所谓的经验、模式、规律、习惯、习俗等敢于怀疑，敢于说“不”。

“霍布森选择”陷阱：英国商人霍布森贩马时承诺：你们买我的马，租我的马，随你们的便，价格都便宜。霍布森有一个很大的马圈，马圈里有很多膘肥体壮的马匹，但他只在马圈出口开了一个小门，买马人只能选择从小门出去的马。因此，买马人左挑右选，自以为是满意的选择，其实他们选择的只是一些瘦马、小马。可以看出，这种选择是在有限的空间里进行着有限的选择，无论你如何思考、评估与甄别，最终得到的还是一匹劣马。我们的思维有时也是如此，常常受到自己“一亩三分地”的局限和影响，导致思维的自我僵化，因而不会有创新。

“布里丹选择”陷阱：生活中守着粮囤饿死的人不是没有。一个叫布里丹的人，他的驴子饿得直叫，他就牵着驴子到野外去找草吃。看到左边的草很茂盛，他便带着驴子到了左边，又觉得右边的草颜色更绿，又就带着他的驴子跑到右边，但又觉得远处的草品种更好，就牵着驴子到了远处。布里丹带着他的驴子一会儿左一会儿右，一会儿远一会儿近，始终拿不定主意。结果驴子被饿死在寻找更好的草的路上。有些决策者总希望能得到最优的方案，这其实已经走进了认识的误区。完美无缺的决策方案是不存在的，要做好优先排序。

“群体思维”陷阱：集体决策是科学决策的基本方式，但不等于科学决策。在集体决策时，即使经验再丰富的管理者团队也有可能犯下幼稚的错误，共同选择一个失败方案并带来灾难性的后果，这就陷入了群体思维的陷阱。群体思维理论的创始人詹尼斯（Janis）是这样对其进行界定群体思维的：“当人们深涉于一个内聚的小团体中，而且其成员为追求达成一致而不再尝试评估其他可以替换的行动方案时，他们就坠入这一思维方式。”通俗地讲，就是在集体决策中决策成员因某种原因而追求表面一致，导致决策失败的思维方式。

【训练小结】

通过以上活动，相信你已经了解决策和决策陷阱，认识到决策的实质就是重要性排序和价值判断，认识到个体决策和团队决策的差别。

单元二　领导力与决策能力培养

【基础知识】

一、卓越领导力和领导力模型

领导，名词，指领导人或领导者；动词，指领导活动。管理学研究中多指后者。传统观念中，领导是组织赋予一个人职位和权力，以率领其下属实现组织目标；现代观念认为领导是一种影响力，是对人们施加影响，从而使人们心甘情愿地为实现组织目标而努力的艺术过程。领导的实质是一种对他人的影响力，即管理者对下属及组织行为的影响力，领导的基础是下属的追随与服从。领导的作用体现在：指挥作用——指点迷津、明确方向；协调作用——协调关系、调解矛盾；先行作用——身先士卒、同舟共济；激励作用——排忧解难、鼓舞斗志；浇灌作用——上下沟通、培养情感。

领导与管理的区别：①从共性上来看，两者都是一种在组织内部通过影响他人的协调活动来实现组织目标的过程，两者基本的权力都是来自组织的岗位设置。②从差异性上看，领导是管理的一个方面，属于管理活动的范畴。除了领导，管理还包括其他内容，如计划、组织、控制等。管理的权力是建立在合法的、强制性权力基础上的，而领导的权力既可以建立在合法的、强制性的基础上，也可以建立在个人的影响力和专家权力等基础上，从本质上来说，建立基础不同。

21 世纪企业竞争加剧，社会变革、国际交流、信息技术、个性发展等诸多挑战与机遇降临到我们面前时，无论我们是否身处领导者的职位，都应该具备领导力。领导力就是影响力，拥有影响力的领导者，能够“不令而行”，缺乏影响力的领导者，往往“虽令不行”。图 1-1 是卓越领导力六维模型。

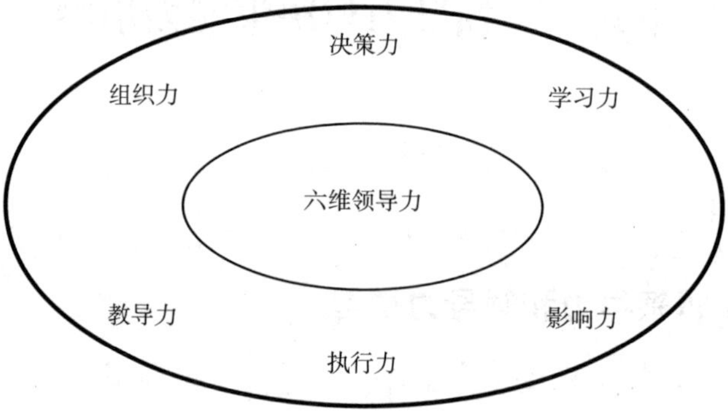

图 1-1　卓越领导力的六维模型

持续成长的学习力。管理大师彼得 · 圣吉说 :“学习的本质用两个字回答是创造，用四个字回答是持续创造，其核心是不断创新发展。”因此，领导者要通过不断学习，让知识产生裂变，产生超人能量，才能持续不断地创造超常业绩。领导水平决定组织价值，只有领导的能量不断放大，团队的竞争力才能整体提升。

多谋善断的决策力。彼得 · 德鲁克曾说 :“其实决策并无对错之分，只有决策过程是否合理的问题。”我们在决策的过程中出现决策偏差的原因有四个方面 : 视角的偏差、经验的偏差、群体偏差、表象偏差。如果分析背后的真相，决策时应换位思考、因时而变、深入分析。

整合资源的组织力。当资源没有被整合时，其价值无法凸显。当你了解下属的特质，才知道"适何位""适何事"，有效发挥其才能，激励其潜能。

带队育人的领导力。不会教练就不会领导，教练术就是领导术。领导必须明确必胜之道不是在战场而是在操场，铸就造血机制，会让你的团队基因优异，成绩斐然。

达成绩效的执行力。执行力表现为领导者超常的绩效。根据领导力六维模型理论，执行的前提是决策，只有正确决策，加上强有力的执行，才能取得良好的业绩；反之，决策错误，执行力越强，造成的错误也越大。在工作中，我们强调的一点就是执行。一个一流的创意，让一个三流的团队去执行，很有可能只取得三流的成绩；而一个三流的创意，让一个一流的团队去执行，很有可能取得一流的效果。原因不在于创意，而在于执行。

凝聚人心的影响力。领导的魅力指数是领导能力的最高体现。一个成功的领导，绝不仅仅因他所在的位置而吸引人追随，而是主要依靠他的影响力和企业文化的感召。在危机时刻，领导的这种独特影响力更多的是一种内在的东西，他需要领导者不仅具有勇于和敢于迎接挑战的人格魅力，更具有在各种情境中经受过锻炼的丰富阅历。

这六种能力，每位领导都会存在着不同方面的强和弱。扬长补短，六力合一，才能推动企业或从优秀走向卓越。

二、大学生决策能力

（一）决策能力的含义

什么是决策能力？想要弄清楚决策能力的内涵，首先应当了解决策。如前文所述，决策被作为管理学中的一个重要理念而提出来。赫伯特·西蒙多次提出决策是管理的核心思想，提出"决策行为是管理的核心""决策几乎与管理是同义的""决策制定过程是理解组织的关键所在"等理念。连榕等指出，大学的学习是职业定向很强的专业学习，管理专业大学生的培养目标之一是培养他们的决策能力，为他们成长为未来的管理人员奠定基础。大学生决策力则是指大学生做决策的一种能力。

决策最简单定义就是选择，没有选择就没有决策。决策就是人们为了达到一定的目标，在掌握充分信息和对有关情况进行深刻分析的基础上，用科学的方法拟订和评估各种方案，从中选出合理方案并加以实施的过程。

决策的第一个特点是决策目标。决策的重要作用就是解决当下或未来的问题，这就需要在决策做出前就确定目标。脱离目标或目标不确定的决策，往往会在行动中失效，不能解决具体问题。

第二个特点是超前性。个人或组织做出的决策都是针对事物未来变化的，根据目前所处客观环境，在深入调查分析后，对事物未来可能产生的变化做出预判，进而制订出备选方案，落实于未来行动。这就要求决策者具备前瞻性意识，善于观察，思维敏锐，能有针对性地预见事物未来可能产生的变化，抓住时机，科学决策。

第三个特点是选择性。决策的关键步骤是从备选方案中选择出最优方案，不能从备选方案中选择出最优方案也就意味着没有决策。决策的本质就是通过对多类备选方案进行纵向和横向的比较，选择出最优方案的过程。

第四个特点是可行性。决策是针对具体问题拟订出若干备选方案，并针对决策环境，确保这些备选方案具有一定的现实可行性，这样才能在实践过程中确定最终的决策方案具有一定的可行性。这里说的“可行性”包括三层含义：一是能行之有效地解决具体问题，达成决策目标；二是针对决策问题拟订的备选方案具备一定的可操作性，这要求备选方案是具体、可落地的；三是针对具体问题拟订方案的影响因素及实施效果是能定性定量分析。

（二）大学生决策能力要素

决策能力是大学生在成长成才过程中必需具备的、最基本的素质，具备良好的决策力是大学生综合素质的具体体现之一。大学生决策力包括以下几个要素。

一是创造力。创造力是指产生新思想、发现和创造新事物的能力。创造新概念、新理论、新方法，更新技术，发明新设备，创作新作品等都是创造力的表现。

计划的前提是科学决策，而科学决策的基础则是领导者的战略意图。也就是说，刚开始的萌芽极可能是某一个小小的念头或者意识，然而，这个看起来并不引人注目的念头或意识却是创造的结果，是领导者知识、智力、能力及优良的个性品质等复杂多因素综合优化后构成的。决策是在不断变化的内、外部环境条件下，为变革现状和开创未来，树立新目标和采用新方法与措施的活动，其实质是一种创造性的活动，决策在于创新，而非盲目跟随和模仿。因此，决策者要发展自己的创新意向精神，架构合理的知识结构，开发创造性思维能力，从而更好地决策。

二是判断力。俗话说“当断不断，反受其乱”。判断力同样是影响决策能力的关键因素。官渡之战中，袁绍因为“多谋而寡断”，终错失良机，一战而衰。反观曹操，则杀伐决断。仅从这一点来看，袁绍就不是一个合格的领导者。信息洪流时代，动态信息千变万化，这就要求大学生具备相当强的判断能力，以最快的速度形成决策。

三是选择力。选择力是判断力的有效延伸，有时一瞬而至的可能是多个条件相仿、利益相近但却互不兼容的商机，此时，领导者的选择能力就尤为重要。

四是信息获取能力。信息获取能力是最基本的能力，是进行选择、判断、决策的依据。

五是洞察力。洞察力是观察事物并迅速发现事物本质抓住问题关键的能力。面对突发事件的应急处理，领导者需要第一时间发现问题的本质并找到解决问题的方案，这都依赖于领导者的洞察力。

六是预见力。进行决策或制定目标，都需要领导者具有一定的预见性，即对事物或者企业未来一段时间的发展方向进行预测。

七是把握机遇的能力。“机遇从来都是留给有准备的人的。”这句话同样适用于企业管理。决策就是需要领导者从事物发展的普遍规律中，寻找有利于企业发展的线索，抓住企业发展的机遇。

八是推动力。制定决策目标后，合格的领导者还会利用策略计划、行动计划及督查、考核等手段来推动项目朝着预期的方向发展，这就是大学生所需要具备的推动力。

（三）大学生具备优秀决策能力所需特质

特质 1：接受不确定性

自信的决策者们总是能够接受不确定性。他们并不要求了解所有的细节。例如，他们可能很清楚自己在某地方的工厂出了问题，但却对之前建立的体系很放心，相信不管怎样工厂总会得到很好的管理，他们相信问题一定会得到解决，自己不一定要亲临事故现场。

特质 2：懂得轻重缓急

轻重缓急并不是指决策本身，而是指决策环境。大学生需要根据自身特点来定义事情的轻重缓急。其中，能够长远地看待问题，有大局观念，能够独立思考，拥有较强的道德观念并能立即采取行动是大学生成为优秀决策者的重要特点。

特质 3：提高倾听能力

在这个信息化时代，善于倾听的人更容易成为更好的决策者。通常，一位高级执行官每天大部分时间都是在参加讨论会或召开会议。除非你是一位倾听高手，否则就不可能成为一位真正优秀的、自信的决策者。所以，要想提高自己的决策水平，必须提高自己的倾听能力。

特质 4：帮助达成共识

任何一个决定想要完美地执行，就必须得到大家的支持。因此，决策者在做出最终决策前，要征集执行者的意见，得到执行者的支持。只有执行者心甘情愿地去执行，决策才能进行得更加顺利。反之，如果一个决策不能够得到执行者的支持，建议决策者考虑放弃。

特质 5：避免“模式化”

在做决策的过程中，一定要注意避免各种思维定式。人们之所以会形成“模式化”，是因为人的大脑总是喜欢寻求最轻松的捷径，用模式化的方式来定义一个人或一件事要比进行具体评估容易很多。一方面，模式化有时很重要，它可以让我们在没有获取完整信息的情况下，对某些事情做出结论；另一方面，它也会让我们看不到问题中隐藏的机遇。

特质 6：调整决策方式

做决策是一门艺术，而不是科学。经常调整自己的决策方式可以帮助决策者做出更有创造性的解决方案。变通的第一个关键就是不要一直用自己最喜欢的方式解决问题。在做决定之前，要对问题进行归类，然后用最优解找到问题的答案。第二，变通意味着决策者要接受一些不是那么完美的方案，有时优柔寡断只会让决策者错过良机。第三，决策者要做好随时放弃的准备。

特质 7：平衡软硬信息

软信息来自客户和员工的反馈，硬信息是指统计数据、报告、分析等信息。当决策者愿意倾听某位客户的反馈时，说明决策者比较善于获取软信息。软信息要求决策者更多地去倾听，而不是表达。自信的决策者能够把握好软信息和硬信息之间的平衡，避免混淆两者。

特质 8：避免决策雷区

当你面对决策雷区时，一定要告诫自己：我正在走近雷区，我要非常小心才能避免进入雷区。一般需要留意的决策雷区有：精明的商人提出了报价，说明这一定是一笔好生意；商家不停地做广告，说明这个产品一定很畅销；提出想法的人充满热情，想必他一定会把想法变成现实；专家都这么说了，那这一定是真的，等等。

三、大学生领导决策能力塑造

决策是生命中最重要的技能之一。良好的决策能力，需要多方面的支撑。一是知识储备。知识储备是做出决策的基础工具，可以通过读书和学习来获取。二是思考能力。思考能力决定了决策能力的质量。我们需要通过思考辨别是非曲直，分析事物逻辑。三是经济独立。经济独立是个人独自做出决策的权限。四是过往经历。过往经历意味着实际操作，用实际操作获得的结果对决策进行反馈，从而获取经验。

领导决策力由两部分组成，一是重要性排序，二是价值判断。根据重要性排序，有两种办法：一是用数字表明顺序，如“1”代表最重要，选项作为变量名，每个变量的数字就代表了这个选项的重要性得分；二是在 SPSS 中根据重要性设置变量名。价值判断是指个人对客观事物（包括人、物、事）及对自己的行为结果的意义、作用、效果和重要性的总体评价，是推动并指引一个人采取决定和行动的原则和标准，是个性心理结构的核心因素之一。它使人的行为带有稳定的倾向性。

人的价值观建立在需求的基础上，一旦确定反过来影响人进一步的需求活动，其实质是轻重排序和好坏排序构成一个人的价值观体系。价值观体系是决定一个人行为及态度的基础。价值观受制于人生观和世界观，一个人的价值观是从出生开始，在家庭和社会的影响下逐渐形成的，一个人价值观的形成受其所处的社会生产方式及经济地位的影响，在一定程度上是不可逆的。具有不同价值观的人会产生不同的态度和行为。个体在面临问题与决定时，其倾向的选项正是其潜在价值观的表现。价值观不仅影响人对事物的选择，也影响人与他人之间的的相处沟通，最终影响人的发展；通过价值观的澄清，可以强化分析事物的能力，提升做决策的能力。一个人越清楚自己的价值观，越了解自己想要什么，他的发展目标也就越清晰，而当现实环境与理想发生冲突时，他就更容易做出决策。

附件1：大学生领导力与决策能力培训框架

非常感谢您认真完成此问卷！我们将通过该问卷来确立大学生领导力的培训框架和评估培训需求，依此来制订个性化的培训计划，来帮助您更加有效地提升领导力。

学号 / 姓名：	部门（学院）/ 学生职务：	团队人数：

填写说明：请根据以下能力选项对于您工作的重要性给出评价，（1：很低；2：低；3：一般；4：高；5：很高）。在每题后面给出评价数字。

团队管理	
总体来讲，此项能力对于您工作的重要性是	
1. 根据需要寻找合适的人选	
2. 通过沟通以及目标管理等帮助成员发展能力	
3. 授权、分权	
4. 营造平等、开放、积极的工作氛围	
5. 及时妥善地处理团队中的冲突与矛盾	
6. 及时激励团队成员，赏罚分明	
7. 带领团队达成绩效目标	
以上能力细项中您认为最需要培训的是（请填写编号）	
总体来讲，对于您来说此项能力培训的紧迫性是	
沟通影响	
总体来讲，此项能力对于您工作的重要性是	
1. 积极倾听，善于从对方的角度理解问题	
2. 表达清晰，言语富有感召力	
3. 善于用数据支持自己的观点	
4. 能游说关键人物接受自己的观点并提供支持	

续表

5. 影响上级的决策	
6. 开放，尊重多样化	
7. 建设性地接受他人的批评与建议	
以上能力细项中您认为最需要培训的是（请填写编号）	
总体来讲，对于您来说此项能力培训的紧迫性是	
自我领导	
总体来讲，此项能力对于您工作的重要性是	
1. 不断更新自己的知识与技能	
2. 寻求他人反馈以提高自己工作表现	
3. 有效管理时间	
4. 化解与消减压力	
以上能力细项中您认为最需要培训的是（请填写编号）	
总体来讲，对于您来说此项能力培训的紧迫性是	
战略思考	
总体来讲，此项能力对于您工作的重要性是	
1. 理解周围环境的运作基本规则和人际环境	
2. 迅速理解团队的业务特点和关键成功要素	
3. 及时了解需解决的问题发展的趋势、竞争现状，并提出具有战略意义的建议与举措	
4. 正确处理长期与短期的关系	
5. 迅速对问题解决所涉及的各部门的关系有明确的认识	
6. 有大局观，正确处理全局与局部的关系	
以上能力细项中您认为最需要培训的是（请填写编号）	

续表

总体来讲，对于您来说此项能力培训的紧迫性是	
执行力	
总体来讲，此项能力对于您工作的重要性是	
1. 根据目标与任务要求，制订切实可行的行动计划能力	
2. 分配恰当的人员去完成工作，并对其工作进行协调	
3. 调动为完成目标所必需的各种资源	
4. 预见到实施过程中的困难，消除各种障碍确保工作目标顺利完成	
5. 制定规范的管理流程和业绩标准并不断加以改进	
以上能力细项中您认为最需要培训的是（请填写编号）	
总体来讲，此项能力对于您来说培训的紧迫性是	
创新（力）思维	
总体来讲，此项能力对于您工作的重要性是	
1. 寻求创新的工作方法解决问题	
2. 挑战习以为常的方式	
3. 运用系统思维解决问题	
以上能力细项中您认为最需要培训的是（请填写编号）	
总体来讲，对于您来说此项能力培训的紧迫性是	
变革管理	
总体来讲，此项能力对于您工作的重要性是	
1. 理解和预见变革	
2. 认识自己和他人对于变革的反应	
3. 用有效的策略和行为领导变革（包括克服变革的阻力）	

续表

4. 赢得团队的支持	
以上能力细项中，您领导力因子是（请填写编号）	
以上能力细项中您认为最需要培训的是(请填写编号）	
总体来讲，对于您来说此项能力培训的紧迫性是	
除了以上提到的能力以外，您觉得在工作中，您还需要提升哪些能力？	

【训练活动】

活动一：决策能力评估

以 4 ～ 6 人为一组，对自我的决策能力进行评估。

决策能力是指根据既定目标认识现状、预测未来、决定最佳行动方案的能力。对于一位优秀的领导者而言，无疑需要具备多方面卓越的能力。但相比其他各项能力来说，决策力则是重中之重。想知道你是否具有好的决策力吗？完成下面的测试你就会知道了。

1. 你的分析能力如何？

A. 我喜欢通盘考虑，不喜欢在细节上考虑太多。

B. 我喜欢先做好计划，然后根据计划行事。

C. 认真考虑每件事，尽可能地延迟应答。

2. 你能迅速做出决定吗？

A. 我能迅速地做出决定，而且不后悔。

B. 我需要时间，不过我最后一定能做出决定。

C. 我需要慢慢来，如果不这样的话，我通常会把事情搞得一团糟。

3. 进行一项艰难的决策时，你有多高的热情？

A. 我做好了一切准备，无论结果怎样，我都可以接受。

B. 如果是必需的，我会做，但我并不欣赏这一过程。

C. 一般情况下，我都会避免这种情况，我认为最终都会有结果的。

4. 你有多恋旧？

A. 买了新衣服，就会捐出旧衣服。

B. 旧衣服有感情价值，我会保留一部分。

C. 我还有高中时代的衣服，我会保留一切。

5. 如果出现问题，你会：

A. 立即道歉，并承担责任。

B. 找借口，说是失控了。

C. 责怪别人，说主意不是我出的。

6. 如果你的决定遭到了大家的反对，你的感觉如何？

A. 我知道如何捍卫自己的观点，而且通常我依然可以和他们做朋友。

B. 首先我会试图维持大家之间的和平状态，并希望他们能理解。

C. 这种情况下，我通常会听别人的。

7. 在别人眼里你是一个乐观的人吗？

A. 朋友叫我“拉拉队长”，他们很依赖我。

B. 我努力做到乐观，不过有时候，我还是很悲观。

C. 我的角色通常是“恶魔鼓吹者”，我很现实。

8. 你喜欢冒险吗？

A. 我喜欢冒险，这是生活中比较有意义的事。

B. 我喜欢偶尔冒冒险，不过我需要好好考虑一下。

C. 不能确定，如果没有必要，我为什么要冒险呢？

9. 你有多独立？

A. 我不在乎一个人住，我喜欢自己做决定。

B. 我更喜欢和别人一起住，我乐于做出让步。

C. 我的配偶做大部分的决定，我不喜欢参与。

10. 让自己符合别人的期望，对你来讲有多重要？

A. 不是很重要，我首先要对自己负责。

B. 通常我会努力满足他们，不过我也有自己的底线。

C. 非常重要，我不能贸然失去与他们的合作。

评定标准：

以上各题选 A 得 10 分，选 B 得 5 分，选 C 得 1 分，最后计算总分。

测试结果：

24 分以下：你的决策能力差。你需要改进的地方可能有下列几个方面：太喜欢取悦别人、分析性过强、依赖别人、因为恐惧而退却、因为障碍而放弃、害怕失败、害怕冒险、无力对后果负责。测试中选项 A 代表了一个有效的决策者所需要的技巧和行为。做一个表，列出改进你决策方式的办法，同时，考虑阅读一些有关决策方式的书籍或咨询专业顾问。

25 ～ 49 分：你的决策能力偏差。你的决策方式可能比较缓慢，而且会影响到你的职场开拓。你需要改进的地方可能是下列一个或几个方面：太在意别人的看法和想法、把注意力集中于别人的观点之上，做决策时畏畏缩缩、不敢对后果负责。这样的话，就需要你调整自己的心态，并做一个表列出改进你决策方式的方法。

50 ～ 74 分：你的决策能力一般。你有潜力成为一个好的决策者，不过你存在一些需要克服的缺点。你可能太喜欢取悦别人，或者你的分析性太强，也可能你过于依赖别人，有时还会因为恐惧而止步不前。要确定自己到底在哪些方面需要改进，你可以重新看题目，把你的答案和选项A进行对照，因为选项A代表了一个有效的决策者所需要的技巧和行为。做一个表，列出改进你决策方式的方法。

75～99分：你的决策能力不错。你是个十分有效率的决策者。虽然有时你可能会遇到思想上的障碍，减缓你前进的步伐，但是你有足够的精神力量继续前进，并为你的生活带来变化。不过，在前进的道路上你要随时警惕障碍的出现，充分发挥你的力量，这种力量会决定一切。

总分100分：你的决策能力很棒。

活动二：森林里的小屋（团队决策）

你在森林里偶然看到了一间小屋，里面有很多死尸，他们坐在一排排的椅子上。发生了什么事情呢？

形式：集体参与。

时间：30分钟。

应用：团队决策。

目的：提醒成员超越显而易见的解决方案，了解团队决策过程，认真地审视假设。

1. 游戏概要

活动介绍：告诉小组成员他们将要解决一个问题，将班级分成每组6～8人的小团队。告诉他们你将要给每个小组一个相同的问题让他们解答，他们的任务是努力成为最快解答问题的小组。

说明以下规则：①从每个小组中各抽出一个人，告诉他们问题的答案，该问题将以谜语的形式出现。②活动的主持者通过投影稿显示或者分发复印件等形式向每个人公布这个谜语。③各个小组必须通过问一些可以用“是”或“不是”来回答的问题，试图得到问题的答案。若问出一个不能用“是”或“不是”来回答的问题，这个问题将无效，需重新发问。

④最快猜出正确答案的一组获胜。

将正确答案告诉从每个小组选出的代表（可通过传递信封给他们或者将他们叫到外面口头传述。后一种方式还有另外一个好处，就是它可以检验各小组对规则以及答案的理解）。

正确答案：这个小屋是一架在森林里坠毁的飞机。

公布谜面，祝贺获胜小组。

2. 讨论

有什么重要的因素使你们能够发现发生的事情？

可能的回答：

“检验我们的假设——当我们听到‘森林里的小屋’的时候我们马上就想到了一间小木屋。”或者“我们总会在确定往哪条路走之前审视一番可选的道路。没有人对我们初始的想法有异议——我们便沿着原来的方向走下去。”

找出过去在解决问题时，哪些假设会使解决方案的效率降低？为了避免一些假设对问题解决的进程产生负面影响，小组成员应该怎样做？

3. 总结与评估

我们的个人经历及阅历促使我们做出一些假设。如果我们拥有一些相同的经历，我们将很可能做出相同的假设或依照相同的范例做事。

拥有不同经历的小组成员将会给小组带来不同的有价值的观点。有时候由于他们处于一个相对少数的位置，所以他们的观点可能未被注意到或者他们仍犹豫着而不敢说出来。

活动三：大学生领导力和决策能力培育

以 4 ～ 6 人为一组，开展决策能力培育训练。

（一）决策的规则（决策方法及能力培养）

甲乙两家公司经过多次谈判，达成了一个交易合同，这一合同分六笔交易。在实施合同的过程中，双方遵循以下的市场规则（以出红黑牌为例）：

六笔交易一笔一笔做，做完一笔再做下一笔。

每一次交易双方同时出牌，若双方均为红牌，则各得利润 20 万元；若双方均为黑牌，则双方各亏 30 万元；若一方为红一方为黑，则红方亏 50 万元，黑方得 50 万元。其中第三轮和第六轮损益值加倍。

各方每一次出什么牌，由各方董事会集体决策，每一笔必须在 10 分钟内完成，整个交易在 30 分钟内完成。

（二）BEAUTY 4U 公司的困境——达成共识困难（决策中共识的培养）

形式：集体参与。

时间：约 120 分钟。

应用：团队决策中如何达成共识（共识困难）。

目的：当团队成员拥有不同的优先权和个人价值观时，经历制定决策的挑战。

1. 游戏概要

要求游戏参与者扮演 Beauty 4U 公司雇员的角色。该公司在一种产品的生产方面发生了过失，造成公司在财务和伦理上的困境。参与者必须考察这个问题并尝试在解决方案上达成共识，游戏活动呈现公司在决策上不同的优先权和个人价值观。

团队被分成四个组：市场营销部、财务部、公共关系部和生产部。每个部门要求召开紧急会议，并对整个管理部门成员得出的建议达成共识。他们的选择是：

①撤下货架上的该产品并用新的产品替换库存，同时宣布任何在替换之前购买的产品都可以退货；

②撤下货架上的存货并用新的存货替换；

③保留货架上的产品，但是替换仓库中的存货；

④什么都不做，在下一个产品周期中做改变（一旦剩余的存货售完）；

⑤撤下并放弃该产品；

⑥其他方法。

委派一人扮演总裁的角色；几个团队组合起来召开更大的 Beauty 4U 管理会议；要求集体做出公司的管理决策来处理他们的问题。注意：这个游戏是为大约 20 人的团体设计的。如果团体更大，将团体组织成几个公司，每个公司再分成四个部门。

2. 讨论

达成共识是简单还是困难？如果简单，是什么促成共识的？如果困难，那么又是什么起了阻碍作用？讨论的问题是否关注于不同个体价值观和共同的目标，如市场部、生产部等？

①再次探索团体达成共识的难易。讨论的内容可能包括：

将个人价值观和部门优先权纳入议事日程；

以公司为大局的必要性；

就公司的优先权和价值观达成共识的必要性；

基于公司发展优先权基础上制定以公司为中心的决策标准的必要性。

②作为团体，你们如何将这次经验与现实中的工作联系起来？

3. 总结与评估

如果每个人的决策都基于明确的企业价值观，那么决策会容易达成。如果大家的决策基于其他价值观或各自部门的优先权，那么共识很难达成。

【训练小结】

通过以上活动，对自我决策能力做出评估，了解自我决策能力培育的相关内容；通过以上活动，了解决策和决策倾向。接下来，你要思考如何更好地发挥自己的特长，增强领导决策能力。

【训后实践】

培养大学生的领导力与决策能力，不仅是高校的要求，更是大学生自我管理的目标之一。大学生领导决策能力的培养对于学生的成长具有重要意义。本章要求学生理解决策的内涵和重要性，熟悉决策的原则和领导力决策的塑造，通过训练活动培养学生一定的科学决策能力和运用常用决策方法进行决策的能力。通过决策案例分析和实训，培养学生用全面的观点理解决策中的伦理困惑，进一步提高学生的辩证思维能力，提高学生正确价值判断和行为选择能力，增强学生的领导决策能力。

第二章 大学生学习力与领导力培养

【训练导言】

美国总统富兰克林说："倾己所有追求知识，没有人能夺走它；向知识投资，收益最佳。"统计资料显示，全球生产总值的高速增长中，"知识份额"已经由20世纪初的5%上升到如今的80%以上。已有研究表明，知识更新速度已经从18世纪以前的每80～90年翻一番，19世纪60年代的每50年翻一番，加快到20世纪90年代以来的每3～5年翻一番。面对如此快的知识更新速度，"学不可以已"已达成广泛共识。未来社会的发展，注定将属于善于学习、不断学习的组织和个人。

学习力的概念最初是由美国系统力学创始人弗瑞斯特在1965年提出的。20世纪90年代中期，学习力逐渐成为知识经济时代的一个前沿管理理论，被广泛应用于企业管理和教育领域，并受到越来越多学者的关注。学习力是指人的综合学习能力，是人特有的潜在能力，是学习动力、学习能力、学习方法效率、学习毅力、学习创新活力和学习潜力的综合表现，是人的学习水平的重要标志，是大学生可持续发展的基本动力。

【训练目标】

通过本章的学习，读者可以了解学习、学习力的概念，提升学习力的方式和方法；通过训练，使大学生在学习动力、学习毅力和学习能力三方面获得提升。

【训练案例】

学习力

有一个博士分到一家研究所，成为所里学历最高的人。

有一天，他到单位后面的小池塘去钓鱼，正好正副所长在他的一左一右，也在钓鱼。他只是微微点了点头，心想，和这两个本科生，有啥好聊的呢？不一会儿，正所长放下钓竿，伸伸懒腰，“噌噌噌”，踏着水面到对面上厕所。博士眼睛瞪得都快掉下来了。水上飘？不会吧？这可是一个池塘啊。正所长上完厕所回来的时候，又是噌噌噌地从水上飘了回来。怎么回事？博士生又不好去问，自己是博士生啊！过一阵，副所长也站起来，走几步，噌噌噌地飘过水面上厕所。这下子博士更是差点昏倒：不会吧，我是到了一个江湖高手集中的地方？博士生也内急了。这个池塘两边有围墙，要到对面厕所非得绕十分钟的路，而回单位上又太远，怎么办？博士生又不愿意去问两位所长，憋了半天后，也起身往水里跨，心想：我就不信本科生能过的水面，我博士生不能过。只听咚的一声，博士生栽到了水里。

两位所长将他拉了出来，问他为什么要下水，他问：“为什么你们可以走过去呢？”两所长相视一笑：“这池塘里有两排木桩子，由于这两天下雨涨水正好没过了木桩子。我们都知道这木桩的位置，所以可以踩着桩子过去。你怎么不问一声呢？”[1]

思考题：

（1）学历是否代表学习力？

（2）提高个体学习力的方法有哪些？

---

[1] 资料来源：https://yuwen.chazidian.com/yuedu20667/。有改动

单元一　学习、学习力的基本概念

【基础知识】

一、学习的概念

学习在一般意义上是指个体在特定情境下，由于练习或反复经验而产生的行为、能力或倾向上比较持久的变化及其过程，是一种通过教授或体验而获得知识、技术、态度或价值观的过程。

学习的本质是人类个体的自我意识与自我超越。行为主义学派认为，学习的实质在于形成、强化与反应之间的习惯性联结。斯金纳派新行为主义认为，塑造有机体行为的过程就是学习过程。格式塔学派认为，学习的实质和目的不在于强化刺激和反应之间的联结，而在于形成和发展"格式塔"（即形成和发展人的内在认知结构、完形）。建构主义学派认为，学习是学习者主动建构内部心理表征的过程，强调学习过程中学习主动性的发挥。学习过程包含两方面的建构：对新信息的意义建构，运用原有的经验超越所提供的信息；对原有经验的改造和重组。学习既是个性化行为，又是社会性活动，学习需要对话与合作。学习发生于真实的学习任务中。人本主义心理学派认为学习是自我概念的变化，是价值与潜能的实现。

广义上的学习是指人和动物所共有的一种对环境的适应现象，学习表现为个体或组织行为或行为潜能的变化，学习所引起的行为或行为潜能的变化是相对持久的，是因经验的获得而产生的。狭义的学习指的是在各类教育环境中，在教师的指导下有目的、有计划、有组织地进行的在较短的时间内系统地接受积累的文化经验，以发展个人的知识技能形成符合社会期望的道德品质的过程。

二、学习力的概念

（一）学习力的界定

学习力，最早由美国麻省理工学院的佛睿斯特（Jay Forrester）于1965年在《一种新型的公司设计》一文中提出。20世纪90年代中期，学习力逐渐成为一项前沿的管理理论，被广泛应用在企业管理和企业文化领域。在国外研究成果影响大的当推英国“有效终身学习编目”（Effective Lifelong Inventory，ELLI）项目的学习力研究。始于信息技术在教育中的广泛渗透，尝试为学习注入新的内涵。项目发起者是英国布里斯托尔大学认知学教授盖伊·克莱斯顿（Guy Claxton）和帕特里夏·布罗德富特（Patricia Broadfoot）。该项研究经历了两个阶段两个专题重点：关于“学习力的内涵和构成要素”的基础理论研究，以及探讨“学科课堂上如何构建学生学习力”的应用研究。研究表明，课堂上教师培养学生的学习力，不仅有助于提升学生的应变能力、团队精神和创新力，而且能帮助后进学生建立自信。学习力作为一个崭新的概念，国外的研究中一般把它定义为：一个人的学习动力、学习毅力、学习能力和学习创新力的总和，是人们获取知识、分享知识、运用知识和创造知识的能力。认为个人的学习力不仅包含他的知识总量，还包含他的知识质量，即学习者的综合素质、学习效率和学习品质；还包含他的学习流量，即学习的速度及吸纳和扩充知识的能力；更重要的是看他的知识增量，即学习成果的创新程度以及学习者把知识转化为价值的程度。这是从知识学习的角度进行的探索。

什么是学习力？区别于指向个体知识学习的一般界定，区别于立足学科学习的学科能力，也区别于目前正在研究的核心素养，我们的界定是：学习力是学生的生长力（活力、能量）。学习力是人的生成、生长和发展，是人具有的饱满生命能量与活力。

首先，学习力真正将发展的动力、内因转到人自身。人，作为一个鲜活的发展主体，是个体的“我”要学习、要发展、要生成，而不是由外在的诸多主体把学生当作被动的物来进行规训和塑造。学习力的提出，第一次真正把视角和目光聚焦人本身，目标是研究人如何学习、生成和发展。这也是联合国教科文组织在《学会生存——教育世界的今天和明天》报告中指出的，教育的目的在于使人成为他自己、变成他自己。学习力的提出，旨在解放学生的个性、想象力和创造性，让学生成为主体性强的人，成为最好的自己！

其次，学习力是一个能量概念，而不是品质概念，是从人自身发展的角度对人的发展应具有的基本要素和内在发展机制的刻画。我们将学习定位为学生的生成、生长和发展，将学习力概念界定为学生的生长力，是对人的发展应具有的基本要素和个性化发展机制的刻画。正是借助学习力，我们回到了人的生命自觉这个原点，回到了研究学生是如何学习和发展的原点。应该说，这是向生成学习、智慧教育迈出的重要一步。

（二）学习力的结构要素分析

我们构建的学习力结构模型由三个层次六个要素组成，如图 2-1 所示。学习力的三层次六要素为：第一层次：人的基本素质，包括①知识与经验；②策略与反思；③意志与进取。

第二层次：实现人的发展两个基本路径，包括④实践与活动；⑤协作与交往。

第三层次：人发展的最高境界，包括⑥批判与创新。

图 2-1　学习力的结构要素组成

学习力的第一层次，是人学习与发展的三个基础要素。本书认为，学习力的生成发展过程，本质是主体经验的不断积累和自身不断重构经验的内在体悟。基于这一认识，我们将知识与经验作为第一基础要素。在学习力的第一层次，将人学习方面的基本素质还原、凝聚为三大基本要素，既体现了构成人发展的知识、智慧和意志的三元鼎立，又赋予了新意。知识维度增加了经验，智慧维度突出了策略与反思，而意志维度则强调了社会适应性和责任。应该说这一分析框架立论点高于思维、毅力和动机层次，是对以往学习理论的突破和超越。

学习力的第二个层次，揭示了实践活动与合作交往是影响人发展的两个重要机制，是学生自主发展方式，是学习力的生成过程。正是通过实践活动与合作交往，建立受教育者主体实践经验和内在的自我调整与重构，实现学生的学习与发展。

学习力的第三个层次，揭示了人发展的最高要求：在批判与创新中学会生活、学会学习、学会工作、学会创造，成为一个有益于人民的人。三个层次系统要素之间既相互独立又相互制约，从而构成人的既全面又个性多样的发展模式，成为具有自主性、主动性和创造性的主体性强的人。

三、学习、学习力与领导力、决策力提升

在汉语中，“学习”的“学”代表的意思是“对知识文化的学习、积累”;“习”展现的是小鸟学习飞翔这样一个画面，因此，带有“持续不断地练习”的含义。将这两个汉字组合在一起不难得出，“学习”是通过持续不断的积累、练习，最终实现自身不断超越及对世界的正确理解的一个过程。在英语中，“学习”一词发源于印欧语系，它的本意是“轨道”。轨道是没有终点的，因此，作为动词的“学习”也即是“沿着轨道前行”。通过这一直观的描述，我们可以看出，学习本身就应该是一个贯穿我们一生的行为，而不是在人生的某个阶段就可以画上休止符的。

学习力则是指个体或者组织学习的能力。学习是目标和过程的统一，学习力是实现学习能力的保障。在现代生活中，人们越来越意识到学习应

该是这样一个过程，这个过程包括对经验的占有，对经验的思考，从思考中提炼、概括出相应的概念和判断，并最终在新的情境下验证这些概念和判断。

如果没有持续深入的学习，领导力就会止步不前。只有通过学习，才有可能保持一种自省的状态，才会将注意力投向那些影响组织成员行为的问题。思考中，面对未来需要采取的举措会逐渐明朗，这本身其实也是学习过程中的重要一环。同时，我们也将会获得对经验的新的体悟方式，甚至能够更进一步，找到与以往不同的新的解决问题的思路和技巧。正是在这样的过程中，领导力、决策力才能得到提高。

在当代现实社会，从实践角度总结，领导力学习有五种经典形式。

1. 任职前学习

在获得领导职务之前，就已经通过学习、修养掌握了必要的领导知识，具备了相应的领导能力。这样，才有能力在竞争中脱颖而出。

2. 任职期学习

在走上领导岗位后，有一个适应期，以熟悉新的岗位，使自身能力与岗位角色配套，进而实现轻车熟路、驾轻就熟。这个时候，需要更加强劲的学习力，尽快满足岗位需要。一个学习力不足的人，将难以获得与新岗位相匹配的能力。

3. 跨职务学习

一个卓越的领导人或者一个全能型领导一定是经过多个岗位锻炼、获得多种领导能力的人。不同岗位、不同层级，需要不同的能力。在促进领导力成长的过程中，需要转换不同岗位，经过不同岗位的学习修炼，增强领导力。

4. 挂职务学习

挂职学习，是转换角色、变化角度的学习，也是跨地域、跨层次的学习，对于提升领导力具有重要作用。

5. 离职期学习

就是离开职务一段时间，通过全身心的学习过程，努力把领导能力提升到一个新境界。

领导力学习的五种经典形式也可以理解为五个环节，一环套一环，环环相扣，通过激发和保持旺盛的学习力，促进领导决策力的持续提升。

把学习力转换为领导能力，一是以学习力提升决策能力。决策水平是领导能力素质的重要体现，而决策力的高低取决于学习力的强弱。二是以学习力提升统筹能力。学习力与统筹能力的关系，简而言之就是识大体与谋全局的关系。要以学习视野运筹协调发展，在上与下、内与外、主与次、远与近、整体与部分、全局和局部等复杂的工作关系中，探求统筹兼顾、协调发展的能力。三是以学习力提升创新能力。创新是学习力的灵魂，更是领导力核心要素。

【训练活动】

活动准备：

每组准备 6 张纸签，上面分别写着嘴巴、手、手、屁股、脚、脚，另外准备气球若干。

准备眼罩、长绳子、纸条（纸条上有指令：①围成一个最大的星状；②正三角形；③手里要握着；④绳子；⑤所有人；⑥顶点对着；⑦北方；⑧双手举在胸前）

活动一：吹气球

分组：每组必须 6 人。

老师请每组中的每个人抽签，抽到写有哪个部位的签就只能使用这个部位。

游戏规则：

①听老师的要求，按要求坚决执行。

②抽到写有“嘴巴”纸签的同学借着抽到写有“手”纸签的两个同

学的帮助把气球吹大，然后抽到写有“屁股”纸签的同学在抽到“脚”纸签的两位同学的帮助下把气球坐破。

③在一定时间内（10分钟），气球破得最多的组获胜。

每个组有一个老师监督。

小组分享：

自己该如何与他人合作，在合作中自己处于怎样的地位？（指挥他人或是被他人指挥）

你为什么愿意听他人指挥？

活动二：蒙眼正三角形

排好队伍，每个人都戴上眼罩，在戴上前先观察一下周围环境，没有老师的指令不许摘下。

大家先静静地站立2分钟，在此过程中，任何人不许发出声音，直到老师说“开始”。

在2分钟时，老师把指令交给8个学生，把绳子交给第9个学生，在此过程中，老师不说话，不解释。

老师发出指令“开始”。

老师注意学生在活动中每个人的表现，特别关注三类人：指挥他人的人、拿着指令不说话的人和说消极话的人。

任务完成。整个团队每个人双手都举在胸前，握住绳子，把绳子拉成一个正三角形，顶点对着北方。

活动分享：

回想一下发生过什么事？

各位是如何拉成正三角形的？

游戏最有价值之处是什么？

你是如何成为领导者或服从者的？

你在领导或服从时，心里是怎么想的？

如果你是领导者，你觉得自己需要改善哪些方面，才能更好地提升自己的领导力和学习力？

注意事项：

要求道路平坦，地面平整。

提醒和督促学生带上眼罩后不要随意移动。

提醒学生摘下眼罩后不要马上睁开眼睛，先闭一会儿再慢慢睁开。

关注学生的安全，随时监控。

指令发出之后，需要在学生完全接受并做出判断后再发出下一条指令。

【训练小结】

通过以上活动，你是否能正确评价别人，评估环境，选择或改变自己的行为以便更有效地对环境的要求做出反应？思考认识自身性格中的盲点，提升自己的学习力和领导力。

单元二　学习力提升的路径与方法

【基础知识】

提升学习力的方法有很多，我们主要从三个层面来阐述：课堂学习、个体学习和组织学习。

一、课堂学习力的提升

体验式学习法是提升课堂学习力的有效路径。体验式学习法也称“行为学习法”，由大卫·库伯提出，包括具体经验、反思性观察、抽象概念化和主动实践。

具体经验是让学习者完全投入一种新的体验；反思性观察是学习者

在停下的时候对已经历的体验加以思考；抽象概念化是学习者必须达到能理解所观察的内容的程度并且吸收它们，使之成为合乎逻辑的概念；主动实践是学习者要验证这些概念并将它们运用到制定策略、解决问题中去。

库伯的体验式学习理论也称为“学习循环圈”理论，其基本原理是：任何学习过程都应遵循“学习循环圈”。学习的起点或知识的获取首先来自人们的经验，这种经验可以是直接经验也可以是间接经验。有了“经验”，学习的下一步便是对已获经验进行反思，即人们对经验过程中的“知识碎片”进行回忆、清理、整合、分享等。把“有限的经验”进行归类、条理化和拷贝。然后，有一定理论知识背景和一定理论概括能力的人便会对反思的结果从理论上进行系统化和理论化，这个过程便进入了学习的第三阶段——“理论化”。如果说前面两个阶段是知识获取的充分条件，那么，这个阶段的学习就是知识获取的充分必要条件。库伯认为，“知识的获取源于对经验的升华和理论化”。学习循环圈的最后一个阶段是行动阶段（action），可以说，它是对已获知识的应用和巩固阶段，是检验学习者是否真正“学以致用”，或是否达到学习的效果。如果在行动中发现有新的问题出现，则学习循环又有了新的起点，意味着新一轮的学习圈又开始运动。人们的知识就在这种不断的学习循环中得以增长。

库伯认为，每个人的内在性格、气质的差异性，以及生活、工作阅历、教育知识背景的差异性，导致每个学习者学习风格的不一致。根据学习循环圈理论，学习者的学习风格大致分为四类：经验型学习者、反思型学习者、理论型学习者和应用型学习者。这四种类型的学习风格不存在优劣的价值判别，它们之间有一定的互补性。所以，在如何提升学习力方面应当重视每一个学习者的“学习风格”的差异。

体验式学习理论认为，集体学习比个体学习的效率高。集体崇尚开放式的学习氛围，反对把学习看作孤立和封闭的行为，倡导学习者之间的交流、沟通，重视学习者之间的相互启发、分享知识。正因为学习者的不同学习风格，才有了他们对某种事物的不同看法，思想碰撞中“知识得以增长”。不同思想的“交换”使每个学习者都得到更多的思想。集体学习的学习模式更有利于知识的生产和传播。

体验式学习的优势在于，它为学习者提供了一个运用知识的空间，使学习者能够轻松进入语言表达和思想交流之中。体验式学习是一种情境化学习，学习过程被置于各种虚拟或真实的情境中，能充分激发学习者的想象力和创新力。体验式学习法不同于说教式教学，是通过实践和体验来认知知识或事物，使学生完完全全地参与进学习过程中，成为课堂真正的主角。

二、个体学习力提升的方法

1. SQ3R 学习法

SQ3R 学习方法由罗宾逊提出，盛行于美国大专院校。SQ3R 意为纵览（Survey）、提问（Question）、阅读（Read）、背诵（Recite）、复习（Revise）。

纵览。纵览就是对全书进行快速的浏览，弄清整本书的基本内容，对作者的基本观点有一个初步印象。一般来说，先阅读作者的序言（前言）或后记，了解作者写这本书的意图和目的，继而仔细查阅目录和索引，如有可能，略读各章的提要或小结，确定是全书阅读还是选取某些章节精读。

提问。在学习过程中，不仅要学会解决问题，更要学会提出问题。读书时，要透过书中表面字句去捕捉潜在问题，敢于在无疑处生疑。同时，要认真琢磨书中的某些观点，将其与自己掌握的相关观点进行联系、对比、评论，提出问题。根据问题，进一步探索，就有可能提炼出新的观点。

阅读。阅读的目的是正确理解和深入掌握文章精髓，对重点章节学深吃透，做到融会贯通。读书的最佳境界是“读懂书上没有的东西”，要从明看出暗，从静看出动，从是看出非。读书要能看出书本的含蓄之处，也就是书本的言外之意，这要靠读者自己去思考、体会。

背诵。不是指逐句地复诵或默记，而是在理解的基础上，集中精力把有关章节的中心思想和基本观点牢记在脑中，当然，不排除把某些重要的基本概念背诵出来。

复习。需要长时间保留在记忆中的知识必须反复复习。注意每次复习都要在内容上有所开拓、有所发展。

2. PQRST 学习法

PQRST 学习法由托玛斯·史塔顿提出，是世界上被公认的最有效的读书法之一。PQRST 由 Preview（预读）、Question（提问）、Read（阅读）、Self-recitation（自我复述）、Test（测试）五个英文单词的首字母组成。

Preview（预读）。拿到一本书，首先以略读的形式预习全章，了解主题思想。然后阅读全章提要、各级标题，留意相关图标和实例，并尽量将此书与以前看过的书、听过的课联系起来，建立自己对书本内容的第一印象，并有自己一定的想法和观点。

Question（提问）。看书的时候问自己一些问题，如重点是什么，各章节的重点是什么，作者想要表达的观点是什么，我需要从书中学习到哪些内容，等等。

Read（阅读）。仔细阅读章节内容，尝试回答上一步提出的问题，随时将所读内容与已有知识关联起来。并且，在这一过程中要认真迅速地通读全书，查找此书的主要观点，必要时在书上做好笔记，把自己的读书心得写上。

Self-recitation（自我复述）。读完全节内容后，试着回忆它的主要内容，并且用自己的话讲本节的主要内容、主要观点复述出来。然后查对教科书，保证复述的正确性和完整性。

Test（测试）。对全章进行复习和测试，检查自己对所读内容的掌握情况。可以借助书的目录或章节后的思考题来进行，看到某一行目录或者一个思考题目，回忆自己阅读过的知识，看看自己能回忆出多少。最后做出读书学习的总结，总结自己从书中收获到了哪些东西。

3. 快速学习法

快速学习法是日本出现的一种新的学习方法。快速学习法正是根据这个原理展开学习的。具体步骤如下。

第一步：检索目录，自我猜测。在用这种方法学习时，先不要求完全理解，而是在拿到教材后，直接根据目录和提示，调动自己已有的知识，猜测性地做“自我讲授”，讲完后再打开书本，进行第一次通读。

第二步：一次通读，记录不足。第一次通读可以检验第一次“自我讲授”的不足之处，谬误所在都会“跃然纸上”。然后，可以用自己的语言编制出一张适用的目录一览表。

第三步：二次通读，查缺补漏。对照目录表，进行第二次“自我讲授”。这次讲授你会明显感觉到比第一次更准确、更有条理，也会获得更深的感受。

第四步：举一反三，掌握知识。当你进行第三次“自我讲授”时，你会讲得更完善、更丰富，许多模糊的地方变得清晰起来，再来一次通读，可快速浏览，做系统总结，此时知识都已清楚地印刻在你的大脑中。经过三到四个回合的“自我讲授、通读、精读、粗读”后，你就掌握了所要学习的知识。

4. 概念图制作学习方法

知识高度浓缩和结构化的概念图：信息时代的大量资料→自主高效的知识管理→高效的知识建构→学习成绩的迅速提高。

评价工具。传统的评价方法只能考查学习者的零散知识，而概念图却可检测出学习者的知识结构及对知识间相互关系的理解，使评价结果更为客观。

学习工具。可以帮助学习者进行有意义的学习，将内容图式化、学习思维过程可视化，改变学习者的认知方式。

概念图是交流、合作的工具。一个人制作的概念图代表了一种组织信息或思想方法。它是可以被其他人共享的东西，一组人制作的概念图代表了集体的智慧和思想。

概念图是创造的工具。概念图是人们产生想法、交流复杂想法的手段。画一幅概念图好比经历一次头脑风暴，而且会引发新的灵感。在众多思维节点组成的概念图上，可以清楚地看到所有相关的思维点，便于深入、全面地联想所有关联思维，特别是在思维点非常多的时候。

概念图中的交叉连接需要学习者的横向思维，是发现和形成概念间新的关系、产生新知识的重要一环，所以，构建概念图也是一项创造性工作。

5. 自主学习法

自主学习法是心理学家根据学习的规律和学习过程的心理特点总结出来的一种个人自学的方法，其核心在于发挥学习的主动精神，有计划、有步骤地去探求知识、研究问题、解决问题，并力争有所发现、有所创造。运用自主学习法的要点是：

第一，要有明确而具体的学习计划；

第二，要充分利用各类学习工具；

第三，要养成善于生疑、质疑、释疑、解疑的习惯和方法；

第四，学习要定期反馈；

第五，学习要从心理因素上多下工夫，要充分调动学习积极性，着重培养自己的自信力、观察力、持久力、记忆力、理解力和创造力。

三、组织学习力提升的方法

组织学习是指组织为了实现发展目标，提高核心竞争力而围绕信息和知识技能所采取的行动，是组织不断努力改变或重新设计自身以适应持续变化的环境的过程。组织学习是从信息的收集、知识的吸收开始，经过传播、扩散到整合、共享，再进行应用、创新到储存、共用这样一个无限循环的过程。

1. 打造学习型组织

（1）学习型组织的提出

学习型组织是美国学者彼得·圣吉在《第五项修炼》（*The Fifth Discipline*）一书中提出的。企业应建立学习型组织，其含义为面临剧烈的外在环境，组织应力求精简、扁平化、弹性应变，终身学习、不断自我组织再造，以维持竞争力。学习型组织是一种能够使组织内的个人潜能持续地、系统地发挥出来，并将个人潜能的发展与组织的发展战略需求紧密结合在一起的组织，这种组织能够认识环境、适应环境，进而可以能动地作用于环境，从而获得成功。其中，知识管理是建设学习型组织的最重要的手段之一。

（2）学习型组织五要素

第一，建立共同愿景。愿景是人们愿意为之奋斗达到的图景，是一种意愿的表达。愿景概括了未来目标、使命及核心价值，可以凝聚公司员工的意志力，透过组织共识，大家努力的方向一致，个人也乐于奉献，为组织目标奋斗。

第二，团队学习。在现代组织中，学习的基本单位是团体而不是个人。团队智慧应大于个人智慧的平均值，以做出正确的组织决策，透过集体思考和分析，找出个人弱点，强化团队向心力。

第三，改变心智模式。心智模式是根植于心中，影响人们了解世界及采取行动的假设、对事物做出价值评价，以及沉积在自我心灵深处的印象等。组织的障碍，多来自个人的旧思维，如固执己见、本位主义，唯有透过团队学习及标杆学习，才能改变心智模式，有所创新。

第四，自我超越。自我超越是指深刻了解自我的真正愿望，并客观地观察显示，对客观现实正确地判断。通过学习型组织不断学习激发自己内心深处最想实现的愿望，使学习者全身心投入工作，实现创造和超越。

第五，系统思考。按照系统思考去研究事物，就应该把所处理的事物看作一个系统，要透过资讯收集，掌握事件的全貌，以避免见树不见林，培养综观全局的思考能力，看清楚问题的本质，清楚了解因果关系，并以总体的角度把系统中的人、物、能量、信息加以处理和协调。

学习是心灵的正向转换，企业如果能够顺利导入学习型组织，不仅能够达到更高的组织绩效，更能够带动组织的生命力。总之，正确、有效地学习是创建学习型组织的核心。

2. 行动学习法

行动学习法产生于欧洲，英国瑞文斯教授是其重要创始人。在行动学习课程中，每个参与者所在的机构都提出了一个比较棘手的问题，他们被交换到不同于自己原有专业特长的题目下，组成学习团队，群策群力，互相支持，分享知识与经验，解决棘手的难题。通过实践，这种方法获得了成功，并被称为行动学习法。

目前，行动学习法主要应用于两个方面：一是用于管理人员培训，可以有效克服目前企业培训与实际工作脱节，以及培训效果低下的状况，被广泛用于中高层管理者领导技巧和系统解决问题方法的训练中。二是用于解决战略与运营问题，使企业摆脱单纯依赖外部咨询机构解决问题的方法，高质量地解决企业的实际问题。

行动学习法应当包含六大要素。

第一，项目、挑战、任务或问题。行动学习解决的是组织中实际存在的项目、挑战、任务或者问题，并且能够给组织带来显著的收益，能给参与者带来学习机会。

在选择任务和问题时，必须满足以下条件：①对组织机构或个体很重要；②困难具有挑战性；③需要行动学习团队来解决；④是可实行的，而且在团队的权利与责任范围内。

第二，多样化观点小组。这是行动学习的核心，通常由持多样化观点的 4 ～ 8 人组成，这些小组成员对要解决的问题或完成的任务有一定程度的认识，对解决问题或完成任务能够有所贡献，开放且愿意学习。小组成员既可以来自组织机构内部，也可以来自外部。但所有参与者必须满足以下条件：①有决心解决问题；②互相认真听取小组内其他人的意见；③愿意不断学习和发展；④尊重他人；⑤具有建设性和支持性；⑥以小组为中心而非以个人为中心。

第三，学习指导员。学习指导员是行动学习中的学习教练和引导专家，是行动学习中独具特色而又非常重要的角色。行动学习是一个精心设计和控制的过程。学习指导员负责过程的设计，研讨过程的引导、激发探询、质疑和反思。

第四，反思性提问与聆听。反思是行动学习区别于一般研讨会的标志，也是引发小组成员学习的重要力量。其中，反思式提问和倾听是整个行动学习过程中应用最广泛的两种技能。

第五，采取行动。行动学习强调行动，过程中需要选择目标、创建解决方案并采取行动，行动学习成果必须通过行动的过程才能得到验证，也只有通过行动才能对组织产生实质性的影响。

第六，关注个人、团队和整个组织的学习。在行动学习中，学习与行动同等重要，对学习的承诺也是行动学习中不可或缺的组成部分，行动学习强调个人及组织的学习。

四、学习评估法

学习评估作为学习系统的反馈调节机制，是学习系统不可或缺的环节，对于优化学习环节、完善学习内容、激发学习兴趣、提升学习力、推进个人和组织的学习都具有重要的作用。同时，因为学习评估具备了评估、诊断、反馈、激励和导向的意义，我们也可以把学习评估视为提升学习力的重要方法。

1. 通过对学习进行诊断，提升学习力

通过对学习过程、知识内容、效果等的评估，可以了解学习者的学习已达到的水平和学习中存在的问题，如学习者在学习上的难点是什么，有哪些缺漏，由此分析造成学习不利（或有利）的原因，确定进一步学习的对策和措施，从而提升学习力。

2. 通过对学习的反馈调节，提高学习力

学习评估的结果可以提供学习过程的各种信息，通过对这些信息的分析和及时反馈，对学习过程的各个环节（包括学习目标）进行有效的调节和控制。同时，能让学习者及时了解自身学习和发展中存在的优势与不足，不断提高学习效率，使学习活动进入良性循环。学习评价的反馈调节一方面可以通过他人评价的方式反馈给学习者；另一方面可以通过自我评价的方式使学习者不断获得自我意识，并通过自我调节不断实现自我超越，从而提升学习力。

3. 通过对学习主体的激励，提高学习力

科学、合理的学习评估，可以激发学习主体的内在动力。通过评价，学习主体学习上付出的努力及获得的成绩与进步得到组织的肯定和赞扬，使学习主体心理上获得满足，其学习中存在的问题也能及时发现，并转化为学习主体继续努力的方向和动力，从而帮助学习者认清自己的学习现状，看到学习的进展和成效，增强学习的信心和主动性、积极性。

4. 通过学习的导向，提高学习力

学习评价对现实的学习活动具有定向和引导作用，评价的标准、内容和方式在相当程度上左右着学习者努力的方向，如同“指挥棒”对学习工作起着重要的导向作用。对于企业来说，学习的导向对于企业成员达成共同的愿景，强化企业文化，推进企业技术、服务和管理创新都有重要的作用。通过企业倡导学习什么、怎么学习和相关的学习激励，引导和支持员工学习力的提升。

【训练活动】

活动名称：扑克牌换位

活动要求：两两一组。

活动步骤：第一名同学取三张不同的纸牌（去掉花牌），随意排列于桌上，如从左到右依次是梅花 2、黑桃 3、方块 5，选取一张要记住的牌，

如梅花 2，让第二名同学盯住这张牌。然后将三张牌倒扣在桌上，由第一名同学随意更换三张牌的位置，然后让第二位同学报出梅花 2 在哪儿。如果第二名同学猜对了，就换成第一名同学猜，两人轮换做游戏。两人都猜对了，就增加一张纸牌，重新开始猜牌游戏。在有限时间内（如 15 分钟），看看哪些同学猜得又快有准。

【训练小结】

在以上活动中，你猜对了多少次？你是怎样猜对的？在猜测的过程中，你的想法做出了怎样的改变？是否参考了别人的猜牌方法？

单元三 学习力与领导力培养

【基础知识】

领导力是天生的还是后天培养的？传统领导素质论认为，领导力是天生的，现代领导素质论则认为领导力是可以通过后天培养锻炼出来的，而许多研究者都认为：领导力是可以学习的。沃伦·本尼斯，美国当代杰出组织理论、领导理论大师，曾是四任美国总统的顾问团成员，并担任过多家《财富》500 强企业的顾问，1993 年及 1996 年两度被《华尔街日报》誉为“管理学十大发言人”，被《福布斯》杂志称为“领导学大师们的院长”，《金融时报》曾赞誉他是“使领导学成为一门学科，为领导学建立学术规则的大师”。他指出，领导者是后天造就的，而不是天生的。

全球管理大师拉姆·查兰认为，领导者正是通过在实践中不断积累经验、学习和反思而成为卓越的领导者，缔造企业的辉煌。约翰·麦克斯韦尔在《领导力 21 法则》一书中指出：我对你的挑战是，学习“秘诀”，并应用它们。当你这样做的时候，你的领导力将会得到极大提升，你的生命也将会永远改变！优秀的领导者尽管在背景、年龄、职业及成就方面各不相同，但专家们却持有两个一致的基本观点：首先，他们都认为领导者不是天生的，而是后天培养的；其次，他们都认为，没有哪个领导者原本就打算成为一个领导者。领导者没有兴趣向别人证明自己，他们始终关心的是如何充分自由地表现自己。

领导力并不是某些人的专利，通过不断学习、实践、反思与改进，学会从新的角度去看待生活和管理经历，通过转变思维模式和行为习惯，掌握言语的艺术，了解基本理念与技巧，每个人都可以成为拥有领导力和影响力的人。《2011 德勤中国企业领导力发展调研报告》指出，中国多数企业已经采取了一些领导力发展的方式，包括初步建立领导力能力标准、开展测评、建立职业发展路径及开展培训等。可见，领导力是可学习的，学习能力的高低对领导力的发展起着制约作用。

一、树立终身学习的理念

理念是行动的先导。终身学习观念自古有之，庄子曾说“吾生也有涯，而知也无涯”，成为千百年来激励人们不断学习、不断探索的至理名言。现代终身学习思想起源于英国的终身教育思想，并从英国传向欧洲乃至传遍整个世界。1919 年，英国成人教育委员会在报告中指出，教育是终生的过程，是国家和政府的重要工作。这个报告标志着终身教育观念的兴起，被称为终身教育学说的权威宣言。到了 20 世纪 60 年代，终身教育的思想在欧洲成为一种重要的教育思潮。1972 年，联合国教科文组织出版《学会生存：教育世界的今天和明天》。报告书中写道：“我们建议把终身教育作为发展中国家和发达国家在今后若干年内制定教育政策的主导思潮。”此后两年，该报告书被翻译成 33 国文字，成为终身教育理论的代表作。1996 年，联合国教科文组织出版了《学习：内在的宝藏》一书，首次提出学习型社会的支柱，即学会与人相处，学会追求知识，学会做事和学会发展。该书被称为学习型社会的宣言，标志着终身学习时代的到来。

终身学习，是指个体为了满足自身需要和社会需要所进行的各种学习活动的总和。终身学习活动具有丰富的内涵，从目的上看，终身学习体现了学习的本质，即满足个人和人类总体的各种需要；从时间上看，终身学习强调生命不息，学习不止，学习伴随个人一生的历程，个人无时不需要学习，个人无时不在学习；从空间上看，终身学习可以在各种场所、各种情景下展开，学习随时随地进行；从学习态度上看，终身学习要求个体深刻认识学习的重要性，树立危机感、使命感和紧迫感，将学习提高到生存与发展的高度，实现从“要我学”到“我要学”的转变；从学习习惯上看，终身学习意味着个体要严格要求自己，从细节入手培养良好的学习习惯。

二、激活学习的热情

学习动力是学习力中最具有激情的一种能力，没有学习动力，就永远不具备学习力。没有良好的学习动力，不明白做事情的目的，很难产生强大的内驱力。每个人都必须自己发现学习的动力，并为动力确定具体的含义。领导学习需要动力尤其是内动力，不是外部环境的变化要求领导学习，个体发自内心的需求、愿景才是学习强有力的内动力。需求是个体内部一种不平衡的状态，求知的需求是学习的动力，每个人的内心都有渴望实现的愿望。好比一条毛毛虫，它的愿景不是成为一条更大的毛毛虫，而是成为一只美丽的蝴蝶。愿景是学习的动力，强化学习的动力就是帮助领导干部发现追求与现实的差距。

角色差距促进学习。“干什么，学什么”“缺什么，补什么”是成人培训的基本原则。组织在这方面有两件事可以做：一是建立领导者胜任力模型。模型有利于组织和领导者本人识别领导者应该掌握的知识、技能和内在素质，对明确学习需求、制定学习目标具有重要意义。有了领导者胜任力模型及相应的测评体系，能够进一步对领导者现有能力与胜任力进行对比测试分析，寻找能力差距，避免在某些知识和能力方面存在学习不足或学习过度现象。二是构建培养领导者的学习地图。对于任何一个组织来说，应该构建组织的战略地图、能力地图、学习地图。战略地图明确组织向何处去的问题，包括构建组织的共同愿景。为了实现组织的战略目标，组织和组织中的个人需要具备相应的能力，这种能力体系则为能力地图，即根据组织特征、岗位特征而建立的胜任力模型。能力不会凭空产生，很大程度上是学习的结果。对于组织来说，则应该提供各种学习资源、学习手段。所谓学习地图，是指组织基于岗位能力而设计的员工快速胜任学习路径图，同时也是每一个员工实现其职业生涯发展的学习路径图和全员学习规划蓝图。学习地图更多用于提升员工的能力，同时，对于特殊员工的领导者来说，也同样适用。

三、培养学习的能力

原中共中央政治局委员，第九届全国人大常委会副委员长姜春云同志在其主编的《船和桥——新时期领导方法18篇》一书中指出："领导工作千难万难，方法对头就不难；领导工作再忙再乱，方法对头就能举一反三；领导工作容易陷入被动，方法对头就能赢得主动。"符合学习规律的学习方法，不仅成为获取知识、技能的有效手段，而且能够提高学习效率，避免走无穷无尽的弯路，节约走错方向而耗费的时间和劳动。相反，违反学习规律的方法，会影响学习效果，甚至成为学习的一种阻力。正如培根所说："跛足而不迷路能赶上虽健步如飞但误入歧途的人。"对于生活在知识大爆炸时代的人来说，只有掌握科学的学习方法，才能不断在知识海洋中汲取新的营养，及时更新自己的知识，掌握与工作相关的最新知识与技能。

学习落实在行动上首先是做学习计划。学习计划包括制定正确的学习目标，选择合适的学习内容，合理安排学习时间，选择合适的学习方法和积极优化个人的学习环境等。学习的动力首先来自学习目标。在学习中有一个清晰的目标，并为实现这个目标而学习的时候，学习就不再是讨厌的，不是与自己的人生无关的负担了。学习需要制定目标，目标和计划是通向快乐和成功的魔法钥匙。

学习目标作用的大小，取决于目标的制定是否合理，是否遵循目标激励理论的原则，是否符合目标管理的一般要求。制定学习目标要遵循目标制定的 SMART 五原则，即：S（Specific），目标是否具体、详尽而又明确；M（Measurable），目标是否可以衡量；A（Attainable），目标能否达到；R（Relevant），目标与工作是否紧密相关；T（Time based），目标有无明确的时间要求。

实践证明，个体知识结构只有具备科学性、合理性和新颖性，才能使知识发挥巨大作用。知识结构是否合理，存在两个方面的标志：一是看这种知识结构是否适应自己的工作和活动范围；二是看这种知识结构是否适应社会发展的最新要求。从理想角度来讲，不论纵向的专业知识，还是横向的相关知识，都存在深化、强化和拓宽的问题。但由于知识的浩瀚、人的时间资源和精力资源有限，另外还要受其他因素的制约，因此，对于所要学习的知识必须具备取舍的能力。

成人学习的最大障碍是时间资源的稀缺，因此，合理控制学习时间更显珍贵。可采用分割与集中的办法，定量控制自己的学习时间，同时要讲究学习时间管理的方法与技巧，利用最佳时区学习难度较大的材料，有效地利用零碎时间，调整学习的节奏，强化时间意识，提高自主学习效率。合理安排学习时间就是学会时间管理。

首先要确立优先次序，计划使用时间。美国伯利恒钢铁公司总裁认为自己和公司的效率非常低下，于是他请教效率专家，希望效率专家能够在很短时间内帮助他提高效率。效率专家建议：将明天的事情记下来，按重要性排序，然后按顺序完成，每天都这样做。这种方法你愿意试多久就试多久，然后寄钱给我，你认为值多少钱就给多少钱。结果伯利恒钢铁公司开了一张 25000 美元的支票给该效率专家。

其次是减少应酬干扰，防止时间流逝。对于各种应酬和与工作不相关的事务要敢于和善于说“不”。

再次是避免习惯性拖延。今日事，今日毕，一件事情没有做完，下次重做时耗费时间会更多。另外，有些事情不能过分追求完美。

最后，有效授权沟通，改善时间支配。不是每件能做的事情都值得做，有些事情要学会授权沟通，由更加适合的人去做。

领导学习的形式多种多样，学习的渠道也多种多样，最重要的是在实践中学习，带着问题去学，向专家型的下属学习、向同行业中的标杆企业学习，真正做到工作学习化，学习工作化。毛泽东同志说过，读书是学习，使用也是学习，而且是更重要的学习。学就是模仿、效法，习就是实习、实践。树立学习榜样，收集名言警句。名言警句往往反映深刻的思想意识，模仿学习。

四、发展非智力因素

专家们普遍认为，个体的学习成绩和效果是其智力因素与非智力因素综合作用的结果，其中智力因素占25%，非智力因素占75%，而且非智力因素对于学习起到正反两个方面的效果。要提高个体的学习能力，必须强化非智力因素的正向作用，弱化非智力因素的负向作用。

学习动力与兴趣相关，兴趣是伟大的导师，兴趣是学习力中最充沛、最快乐、最轻松、最美好、最活泼的品质。学习兴趣的培养包括：新鲜的刺激、生动活泼的形式、强烈的节奏感、真实的东西、难易适中的内容、与实际需要相适应等。学习毅力有赖于兴趣。“兴趣是最好的老师”，儿童所以具有惊人的学习能力，在于儿童始终保持较强的兴趣。兴趣培养的重要途径是模仿、遗传和正强化。遗传是无法改变的，但它仅占一小部分。模仿与后天的生活环境，接触的人或事都有紧密关系。司马迁生活在汉代武帝时期，父亲司马谈担任太史令，是一个很有学问的人。受父亲的影响，司马迁10岁到长安学习古文。3年后，司马迁子承父业，被任命为太史令，后来，他蒙受冤屈，遭受宫刑，但只要想到父亲临终遗言，他就有了力量。父亲的影响和嘱托，促使他勤奋撰写，到50多岁终于完成了《史记》这部巨著，足见模仿是产生兴趣的来源之一。产生兴趣的正强化又有两种，一种是外部强化，一种是内部强化。外部强化，包括一个行为发生之后，由于外界对行为的主体施行奖励，使其行为获得精神或物质的奖赏。例如，有的学生学习好，获得奖励，领到奖学金，尝到认真学习的甜头，就愈加认真地学习，将自己无意识的行为变成有意识的行为。内部强化来自其本身，就是在一个行为发生之后，行为施行者本身的需要得到一定的满足。

学习态度是学习力中重要的一种影响因子。据美国著名成功专家爱德华·班菲德的调查：在美国或其他教育制度的国家，成功的学习 80% 与态度有关。积极的态度包括积极、乐观、勤奋、毅力、坚持、专注等因素。在各种态度因素中，勤奋尤为重要，因为学习本身就是一项艰苦的探索之旅，还会受到自身的局限和外在条件的制约，“一勤天下无难事”，只有勤奋才能弥补种种不足。在哈佛大学，大家公认的学习定律是 W=X+Y+Z（成功 = 勤奋学习 + 正确的方法 + 少说废话）。哈佛大学第 21 任校长昆西说：“闲散犹如醋酸，会软化精神的钙质；勤奋却像火酒，能燃起智慧的火花。”

学习同样需要专注，专注是学习力中最具有凝聚效力的品质。不要幻想学习中有何捷径，你要做的就是将身体与心智的能量锲而不舍地运用在同一个问题上而不厌倦。如果想得到理想的学习效果，就必须培养自己的专注精神，集中注意力。坚持是学习力中最执着、最顽强的品质，所有巨大成果都是由一点一滴的小成果积累而成的。日本的稻盛和夫在经营领域取得了很大成功，创办了两家世界 500 强企业，与松下幸之助、盛田昭夫、本田纯一郎等并称为“日本经营四圣”。稻盛和夫刚毕业的时候被分配到一个濒临倒闭的企业搞研究，当时由于技术材料和实验材料都相当缺乏，研究进展非常缓慢。一次，他在实验中取得了小小进展，兴奋不已。和他一起搞研究的另外一个人对此不以为然，认为稻盛和夫为了这点进步就手舞足蹈，要么是轻浮，要么就是轻率。稻盛和夫认真地对他的年轻同事说：“我们每个人应该对生命中的小小进步学会感动！”的确，一夜成名几乎是每个人的梦想，但没有凭空而来的飞跃，许多成功都来自积累和执着。

正确的学习态度源于对学习目标的正确认识，培养正确的学习态度，首先要加强思想修养，树立宏伟目标。如果没有明确的学习目标，就会把学习当作负担，当作不得不完成的枯燥的任务，导致态度消极，没有主动性，学习效率低下；有些人虽然树立了学习目标，但由于是追求功利性的学习态度，结果只能提供短暂的动力，一旦目的达到，就丧失了学习的积极性。培养正确学习态度的另外一个有效方法是参与相关活动，在活动中明确学习的重要性，发现学习的乐趣，通过亲自实践，就会充分认识到学习的重要性。另外，通过扮演向别的个体宣传学习态度的教育者，也能够使扮演者自身深刻认识学习态度的重要性，经过一段时间，个体的学习态度会发生下意识转变，成为具有正确态度的学习者。

自信在学习中可以使个体提出较高的学习目标、激发潜能和克服学习中出现的困难和挫折。自信是可以训练的，培养自信的方法很多，也很简单，关键是能否一如既往地尝试和努力。下面介绍几种提高自信的方法：

一是挑前面的位子坐。在公众场合，后面的座位总是先被坐满，大部分占据后排座位的人，都希望自己不会“太醒目”。他们怕受人注意的原因就是缺乏自信心。坐在前座能建立信心，当然坐前面比较显眼，但成功本身就是很显眼的。

二是练习正视别人。要让你的眼睛为你工作，也就是专注别人的眼神。这不但能给你信心，也能为你赢得别人的信任。

三是把你走路的速度加快 25%。心理学家也告诉我们，改变姿势与速度，可以改变心态。你若仔细观察就会发现，身体的动作是心灵活动的结果。使用这种“走快 25%”的技术，可助你建立信心。抬头挺胸走快一点，你就会感到自信心在增长。

四是练习当众发言。观察发现，有不少思路敏锐、天资聪颖的人，在讨论中无法发挥他们的长处，原因是当众发言时缺少信心。

五是咧嘴大笑。遇到挫折、失败时，人往往愁眉苦脸，但你若尝试大笑，就可以给你信心，驱除恐惧、忧虑和沮丧。

六是自我激励和自我暗示。俗话说，失败是成功之母。但现代研究表明，成功是成功之母。因为成功会使人更加自信，勇于追求更大成功。

积极的情绪有增力的作用，消极情绪有破坏作用。情绪的控制一般要利用以下一些方法。

一是寻找原因。当你闷闷不乐或者忧心忡忡时，你所要做的第一步是找出原因。

二是尊重情绪规律。我们许多人都仅仅将自己的情绪变化归于外部发生的事，却忽视了它们很可能也与身体内在的“生物节奏”有关。20世纪初，英国医生费里斯和德国心理学家斯沃博特发现了一个奇怪的现象：有一些病人因头痛、精神疲倦等，每隔23天或28天就来治疗一次。于是他们就将23天称为“体力定律”，28天称为“情绪定律”。20年后，特里舍尔发现学生的智力是以33天为周期进行变化的，于是他就将其称为“智力定律”。后来，人们就将“体力定律”“智力定律”“情绪定律”总称为生物三节律。所以，我们要注意总结自己的情绪周期，避免在情绪低谷时情绪失控。

三是注意睡眠充足。无论是少年儿童还是成年人，睡眠不足都会影响情绪，婴儿睡眠不好会表现烦躁吵闹，而成年人也会出现情绪失控。

四是亲近自然。密歇根大学心理学家斯蒂芬·开普勒做过一个有趣的实验，他分别让两组人员在不同的环境中工作，一组的办公室窗户靠近自然景物，另一组的办公室则靠近一个喧闹的停车场，结果他发现，前者比后者对工作的热情更高，更少出现不良心境，其效率也高得多。

五是经常运动。研究人员发现，健身运动能使你的身体产生一系列的生理变化，其功效与那些能提神醒脑的药物类似，但比药物更胜一筹的是，健身运动对你是有百利而无一害。不过，要做到效果明显，最好是从事有氧运动——跑步、体操、骑车、游泳和其他有一定强度的运动，运动之后再洗个热水澡则效果更佳。

六是合理饮食。《食物与情绪》一书的作者索姆认为，对于那些每天早晨只喝一杯咖啡的人来说，心情不佳是一点也不足为怪的。索姆建议，要确保你心情愉快，你应养成一些好的饮食习惯：定时就餐（早餐尤其不能省），限制咖啡和糖的摄入（它们都可能使你过于激动），每天至少喝六到八杯水（脱水易使人疲劳）。马萨诸塞州的营养生化学家詹狄斯·瓦特曼认为，碳水化合物能增加大脑血液中复合胺的含量，而该物质被认为是一种人体自然产生的镇静剂。各种水果、稻米、杂粮都是富含碳水化合物的食物。

七是积极乐观。通常而言，人们都认为是情绪引起人的反应，也就是说，人们忧愁的时候才会哭，恐惧的时候才会发抖。但心理学家的研究表明结果恰恰相反。人们会因为哭而发愁（越哭越伤心），会因为发抖而感到恐惧。这就是说，人的情绪是可以由行为引发的。曾经有人做了一个极为有趣的实验，他将同一张卡通漫画显示给两组被试者看，其中一组的人员被要求用牙齿咬着一支钢笔，这个姿势就仿佛在微笑一样；另一组人员则必须将笔用嘴唇衔着，显然，这种姿势使他们难以露出笑容。结果发现前一组比后一组被试者认为漫画更可笑。这个实验表明我们心情的不同，往往不是由事物本身引起的，而是取决于我们看待事物的不同方式。

五、创造有利的学习环境

橘生淮南则为橘，生于淮北则为枳，领导者的学习力在不同的组织中会有不同的表现。通过变革组织结构，精简组织层次，建立扁平化组织结构，给各个层级的领导者留出更大的责任和发挥能力的空间。通过加强信息基础建设，提高组织内部和组织外部信息传递的准确性、及时性和真实性。同时，在学习型文化的环境中，需要设计和优化纵向信息沟通、横向信息沟通和斜向信息沟通，使组织内部所需的信息通过这三种渠道得到有效的沟通。通过团队学习方式促进群体互动式学习。领导者需要重视组织中个人知识的显性化，并进一步将其提炼为组织知识。通过建立有效的激励机制，持续巩固学习的动力。组织应该建立健全评估和激励体系，对领导者的学习和创新给予支持和奖励。

有效学习就是善于优化学习环境以达到学习目标的学习活动。就狭义而言，学习环境包括两个部分：一是自身的学习条件，包括生理、心理、经济、文化、家庭、社会等因素，对它们的正确认识，是一个人制订切实可行的学习计划的前提；二是可利用的学习资源，既包括各种媒体的学习资源，也包括其他无形的学习资源，这是一个人进行学习的物质凭借。一个人的学习环境是可以改变的，这取决于学习者的个人努力。学习环境能够影响一个人的学习效果，因此提高个体学习能力必须从优化个体学习环境入手。

【训练活动】

活动名称：把绳子组成正方形。

活动形式：8 人为一组。

活动时间：30 分钟。

活动材料：眼罩 4 个，20 米长的绳子一条。

活动目的：让学生体会与学习作为一位主管在分派任务时通常犯的错误及改善的方法。

操作步骤：

培训师选出一位总经理、一位总经理秘书、一位部门经理、一位部门经理秘书，四位操作人员。

培训师把总经理及总经理秘书带到一个别人看不见的角落后给他们说明游戏规则：

①总经理要让秘书给部门经理传达一项任务，该任务就是由操作人员在戴着眼罩的情况下，把一条 20 米长的绳子摆成一个正方形，绳子要用尽。

②全过程总经理不得直接指挥，一定是通过秘书将指令传给部门经理，由部门经理指挥操作人员完成任务。

③部门经理有不明白的地方也可以通过自己的秘书请示总经理。

④部门经理在指挥的过程中要与操作人员保持 5 米以上的距离。

讨论：

作为操作人员，你会怎样评价你的这位主管经理？如果是你，你会怎样来分派任务？

作为部门经理，你对总经理的看法如何？你对操作人员执行过程的看法如何？

作为总经理，你对这项任务的感觉如何？你认为哪方面是可以改善的？

【训练小结】

通过以上活动，你对自己的学习力、领导力是否有了一定的了解？如果你是领导，在用绳子围成正方形的过程中，你出现了哪些失误？你又是怎样改善的？在这个过程中，你学到了什么？思考该怎样提升自己的领导学习力。

【训后实践】

新时代有新的机遇，也会出现新的问题，必须提高推动时代发展的能力。学习是获取知识和提升能力的最有效手段。本章通过训练案例，引入学习、学习力和领导力的概念，通过训练活动帮助同学们了解自己的学习力和领导力现状，引导学生思考学习的本质，掌握提升学习力的方法，树立终身学习的理念，提升学生领导学习力和决策决断能力。

第三章 大学生校园活动实践与组织力培养

【训练导言】

大学生校园活动实践能力是提升组织力的重要途径，是大学生综合素质的重要部分。大学教育不仅要培养大学生的专业理论研究能力，同时需要在加强大学生实践能力基础上加强决策能力的培养和组织力提升。在当今竞争日益激烈的市场环境下，在大学中学到的理论知识只有运用到生活和工作中才起到它的指导作用，才算完成它的使命。大学生要自己提高知识的运用率，将理论和实践相结合，只有通过实践才能强化理论知识巩固和运用。实践能力的培养对于大学生有着至关重要的影响，而在实践能力培养中组织力提升又是关键性环节。

当今社会的快速发展对人才的要求越来越高，高校人才培养战略的深化和创新被提到重要的位置，大学生校园活动是培养大学生实践能力、提高其组织力、决策水平重要路径。传统的大学培养模式重视专业理论教育，高校学生理论知识储备量大，但这种培养策略相对地轻视对大学生实践能力的培养，使大学生具体工作能力较弱，在这种培养策略下成长的学生，尤其缺乏多元化、复杂环境下的决策能力，大学生在需要做决策时，往往表现出害怕决策、不会决策，以及缺乏相应的合理合情的决策。

【训练目标】

（1）通过大学生校园活动，培养学生自主选择、决策能力中组织力的提升。人的智力发展具有不平衡性，表现在发展阶段的不平衡和获取知识的不平衡，社团活动能逐步培养大学生独立思考、选择的能力，增加学习的方向、深度和广度选择。大学生社团活动是在保证完成学习任务的前提下，根据自己的兴趣爱好，通过活动的选择来开拓自己知识视野、优化知识结构、提高活动能力，开展决策实践。社团活动不仅可以培养学生的兴趣、发展专长及技能，而且还能帮助学生在决策实践中培养组织力，为其决策实践搭建具体的、创造性平台。

（2）以竞赛活动为载体，着力培养大学生的决策能力。通过科创和竞赛活动，使学生在具体活动中检视自己，学会在组织管理和身心调适中运用所学的专业知识和技能。通过在团队合作中培养大学生组织决策能力，全方位锻炼大学生决策能力，使其在能力和角色转换中，学会运用决策的科学理论和方法来综合分析、解决问题，培养组织能力。

（3）通过大学生志愿服务和社会实践培育大学生实践能力，力求在亲身经历中进一步认识社会、了解社会，锻炼自己的能力，提高自身的综合素质，增强新时代大学生的自身素质，做到理论和实践相结合，提高在现实环境中的决策素养、身心素养和综合文化素养，学会在复杂真实环境下做重要性判断，以促进大学生组织决策能力的整体提高。

【训练案例】

无人管理的面馆[1]

成都市一所高校食品科学系6名研究生声称自筹资金20万元，在成都著名景观——琴台故径边上（非繁华商业市区）开起了“六味面馆”。

第一家店还未开张，六位股东已经把目光放到了5年之后，一说到

[1] 李选芒，陈昊平．管理学基础 [M]. 北京：北京理工大学出版社，2016.

今后的打算，他们六位异口同声地说：当然是开分店啦！今年先把第一家店搞好，积累经验，再谈发展。我们准备两年内在成都开20家连锁店，到时候跟肯德基、麦当劳较量较量。

原本想以“研究生”之名来制造广告轰动效应，但事情的发展却出人预料。一番豪华装修后，6位研究生就各自回到学校，忙于功课，店堂内经常无人管理。附近居民表示：“味道不好，分量不足，吃不饱。”

不久，由于面馆长时间处于无人管理和经营欠佳的状况，投资人已准备公开转让。这家当初在成都号称“第一研究生面馆”的餐馆仅仅经营了4个多月，就不得不草草收场。

思考题：

（1）6名创业者创业失败的原因是什么？

（2）如果你是其中一位创业者，如何组织管理？

单元一 校园文体活动实践与组织力培养

【基础知识】

一、开展大学生校园文体活动的意义

大学生文体活动是高校校园文化建设的重要组成部分，是展现校园整体风貌、增强大学生体质的有效途径。开展丰富多彩、形式多样的文体活动，是提高学生人文素养的重要途径。

1. 组织和开展文体活动，增强集体凝聚力

文体竞赛活动是促进学生之间互相了解，培养学生集体感、认同感和归属感的重要途径。开展文体竞赛活动可以增进同学之间的友谊，提高

学生的集体责任感和荣誉感，增强集体凝聚力。另外，文体活动还可以提高学生的协调能力、组织能力和表达能力，培养学生的团队精神，不断拓宽学生的视野。

2. 组织和开展文体活动，利于学生能力培养

组织开展文体活动可以为大学生提供更多锻炼机会。每一项活动的开展，主要的实施者都是学生，学生是主体。为了让活动开展得更有效，需要提前计划、反复思考、尝试实施，这个过程可以提高大学生的创新能力、管理能力、沟通能力和组织能力等。

3. 组织和开展文体活动，提供更多交际平台

有些学生在交际方面存在一定欠缺。校园文体活动是增强同学之间沟通了解的一种途径。参加集体活动过程中，学生可以通过感受集体温暖、增强沟通技巧找到自信。丰富多彩的文体活动，不仅可以充实大学生的生活，更能提高同学们的积极性和参与度，解决学生人际交往问题，帮助学生更快地适应大学生活。

4. 组织和开展文体活动，利于学生心理健康

随着生活水平的提高，孩子从小在父母和家人的呵护中成长，导致一些学生责任意识差，缺乏团队合作精神，在学习生活中往往以自我为中心，不懂得包容理解，甚至存在一定的心理问题。组织开展文体活动，可以让学生体会到团队合作的乐趣，结识更多的朋友，宣泄心中烦恼，增强自信心。有意义的文体活动对大学生心理健康起到积极作用。

二、如何写好大学生校园文体活动策划

（一）活动选题

活动的选题要符合时代主旋律和校园文化建设内涵，健康向上，富有教育意义与启示意义，杜绝非健康文化的消极内容。要准确定位活动的主题，将主题浓缩成一个短语或一句口号。策划活动的主题定位，要注意

体现学生综合素质的培养。确定好活动选题后就可以进行活动策划书的撰写了。

（二）活动名称

应在封面处具体写出策划书的名称，如“× 年 × 月 ×× 大学 ×× 活动策划书”，将其置于页面中央。也可以在写出正标题后将此作为副标题写在下面。

（三）活动背景

活动背景包括活动的现状、组织部门、主要执行对象、活动开展原因、社会影响及相关目的动机等。较为详细的背景介绍可以使参与者了解相关背景，深刻认识活动的意义与参与的价值。

（四）活动目的

活动目的包括活动的缘起、宗旨、主题、口号、预期目标等。通过对活动目的的说明，参与者就可以对活动做到心中有数，并且在参与过程中自始至终体现出一种主人翁意识。撰写活动目的时应用简洁明了的语言将目的要点表述清楚，活动目标要具体化。

（五）活动资源

本项可列为已有资源和需要资源两部分。在该项目中，详细列出组织此次活动所需的人力资源、物力资源，其中包括开展活动使用的地方，如教室、活动中心等。

（六）活动开展

作为策划书的正文部分，在撰写该部分时要简洁明了，易于理解，同时表述详尽，没有遗漏。在此部分中，不局限于用文字表述，也可以适当加入统计图表等。对策划的各工作项目，应按照时间的先后顺序排列。人员的组织配置、活动对象、相应权责及时间地点也应在这部分加以说明。执行的应变程序也要在这部分加以考虑。

其他需考虑的地方有：会场布置、接待室、嘉宾座次、赞助方式、合同协议、媒体支持、校园宣传、广告制作、主持、领导讲话、司仪、会场服务、电子背景、灯光、音响、摄像、信息联络、技术支持、秩序维持、衣着、指挥中心、现场气氛调节、接送车辆、活动后清理人员、合影、餐饮招待、后续联络等。实际操作时根据实情自行调节。

（七）经费预算

活动的各项费用在根据实际情况进行具体、周密的计算后，用清晰明了的形式列出。

（八）应急预案

策划书写作时还要考虑到一些突发因素（天气、环境、人事等），为了万无一失，还应制订一套应急预案。

（九）活动组织机构

注明活动组织者、协助者及嘉宾姓名、单位（如果是小组策划应注明小组名称、负责人）。

注意：

本策划书提供基本参考方面，小型策划书可以直接填充；大型策划书可以自行设计，力求内容详尽、页面美观；

可以专门给策划书制作封页，力求简单美观；策划书可以进行美化，如用设计的徽标做页眉等；

如有附件可以附于策划书后面，也可单独装订；

策划书需从纸张的长边装订；

一个大策划书可以包含若干子策划书。

【拓展阅读】

活动策划书案例

一、活动主题

激发无限潜能，展示策划风采。

二、活动宗旨

（1）丰富 ×× 大学的校园生活，建设校园文化，激发本校学生策划创意潜能，为本校学生提供商务策划学习及实践的机会；

（2）加强 ×× 大学 ×× 学院和外界企业的交流与合作，通过本次活动宣传提高赞助企业的品牌知名度及美誉度，深化消费者心中品牌形象；

（3）为企业提供具有参考价值的各类策划方案及创意；

（4）为企业在商学院发掘专业人才提供良好机会。

三、活动倡导的思想

（1）活动倡导文明、健康、公平竞争的氛围；

（2）活动以双赢为原则，与商家充分合作，并结合竞赛为商家展开有效的宣传攻势；

（3）策划方案以满足赞助企业的实际需求为主导；

（4）策划倡导专业与创新相结合，实用性与效益性相结合。

四、活动时间

2019 年 ×× 月 ×× 日—×× 月 ×× 日。

五、活动举办单位

主办单位：×× 学院共青团委员会

承办单位：×× 学院

协办单位：×× 有限责任公司

六、活动概述

1. 活动简介

本次活动由赞助商独家冠名，是由民意调查、宣传发动、咨询报名、两轮比赛、颁奖到成果展示等一系列环节组成的，面向全校大学生的策划大赛，进行为期 × 天的全程海报及广播宣传，作为企业深入推广品牌的一个平台。

2. 为商家而设的内容

（1）大赛主题由商家据自身情况提出。商家在找到符合自身需要的策划方案的同时亦可利用此机会提高自身品牌形象；

（2）活动的各环节都可根据商家的合理要求进行产品宣传；

（3）由商家派出人员做评委，可进一步了解大学市场，同时为公司选拔高校优秀策划人才提供一个直接的机会；

（4）大赛奖品可由商家的服务或产品充当；

（5）大赛设有的附加活动如校内越野赛、商学院排球赛可以由商家冠名协办，进一步提供多方位和深层次宣传，让品牌深入人心。

七、活动主要流程

第一阶段　前期筹备

（1）11 月 8—9 日，针对全校各院系学生对此次比赛活动的兴趣、意见进行民意调查，形式为问卷调查（400 份）和访问调查（100 位），并进行调查统计与分析。

（2）11 月 14—15 日，在校道人流量大的两个宣传栏以海报宣传本次活动（包括活动各有关单位、活动要则、参赛办法等），并通过校园广播台在黄金时段滚动播放通讯稿。

第二阶段　开幕式及报名

（1）11 月 16 日当天，在校内派发及教室粘贴活动宣传单 500 份（重点突出宣传活动的卖点、亮点），把同学们吸引到开幕式现场进行报名咨询。

（2）11 月 16 日下午，实验楼门前举办文化节开幕式，届时露天表演将吸引众多学生，并在南方策划社展位进行策划大赛的现场咨询和报名，通过宣传板和工作人员进行公司及品牌宣传介绍和比赛细则公布，通过公司员工和观众互动游戏，拉近品牌与消费者的距离。

（3）11 月 15—18 日，设定点接受咨询报名。

第三阶段　初赛及前期宣传

（1）11 月 18 日后，两个宣传栏换上公司海报宣传。

（2）11 月 27 日晚（19：30—21：30）举办策划比赛交流会，学院老师、公司专业人士及参赛者进行面对面交流。针对参赛者，公司代表进一步介绍公司及品牌发展等情况。

（3）12 月 2 日晚，由办公室专人收集参赛作品。

（4）12 月 4 日评审团评审出进入决赛的作品。

（5）12 月 6 日在两个宣传栏张贴海报，公布进入决赛的人员名单，并做好关于品牌和决赛的宣传。

第四阶段　决赛安排

（1）地点：实验楼 209 室（可容纳 400 人）

（2）时间：12 月 9 日

（3）参会人员：

评委：宋 ××、邱 ××、老师 1 ～ 2 位（待定）

嘉宾：公司领导、罗玉燕老师、校团委书记（拟邀）

观众：商学院师生

参赛者及其朋友、主持人、礼仪、工作人员等

4. 决赛流程

第一部分：参赛者 15 分钟内，配合 PPT 等多媒体演示，阐述创意；专家提问与作答。

第二部分：评委会老师和公司代表对参赛作品进行点评。

会场布置及所需物资：(见附录)。

第五阶段　闭幕式及后期宣传

1. 闭幕式上公司代表为获奖者颁奖，与相关人员合影留念。

2. 12 月 20—24 日，把整理好的本次策划大赛的有关资料和成果向全校师生展示，全力推动本次活动最后一波对商家的宣传。

八、参赛办法

1. 比赛内容

创意策划作品（待定）

2. 参赛者

×× 大学在校相关专业大学生

×× 大学在校策划爱好者

3. 参赛方式

个人或小组报名参赛。

根据商家提出的策划主题，参赛者对该主题做出策划方案。

上交作品包括文字版（一式三份）和电子版。

4. 报名办法（公布咨询电话，负责人及其联系方式）

11 月 16 日下午社团文化节开幕式现场南方策划社展台。

11 月 15—18 日，晚上办公室接受咨询报名；11 月 16 日下午，在展位（实验楼门前）进行策划大赛现场咨询报名。

九、评分规则

1. 评奖方式

由评委会打分评选出进入决赛的作品和各奖项，以海报公告、广播台和校记者团跟踪报道赛果。（评分表见附录）

2. 奖项设置

①本次策划比赛共设置 4 个奖项，分别为一、二、三等奖和最佳创意奖。各奖项人数视实际参赛成果而定，暂定一等奖 1 名，二等奖 1 名，三等奖 2 名，最佳创意奖 1 名。

②奖品。

一等奖：奖励 300 元，证书一本，企业赞助奖品；

二等奖、最佳创意奖：各奖励 100 元，证书一本，企业赞助奖品；

三等奖：奖励专业类书籍 2 本，证书一本，企业赞助奖品。

十、组织结构

为使活动更具科学性和效益性，活动拟成立三个组织机构：

1. 组委会

由 ×× 学院团委、宋教授与邱教授指导，×× 社团的骨干组成。组委会负责整个活动的领导、决策和组织工作。

2. 评委会

由宋教授与邱教授，1 ～ 2 位专业老师（待定）及赞助商家的领导和策划人才组成。评委会主要任务是评选初、决赛作品及评选出各个奖项。

3. 执委会

由 ×× 社团得力社员及校内相关单位成员组成。执行小组负责执行组委会安排的具体活动工作。

（机构具体名单见附录）

十一、经费预算

1. 冠名

1800元。

2. 活动筹备费用

调查费用：调查问卷500份50元。

3. 宣传费用

宣传单张（大赛和商家信息）：500份100元；

横幅：2幅200元；

展板（开幕式）：300元；

胶卷，冲洗相片：80元；

海报：喷墨海报4份600元；

自绘海报2份100元。

4. 场地费用

开幕式展位布置：150元；

决赛场地：150元。

5. 决赛布置及物资

音频线、插座、麦克风租用70元；

嘉宾胸卡及席牌80元；

字幕：200元；

请柬：15份45元。

6. 奖品费用

奖金：500元；

证书：30元；

书籍：100元。

7. 办公费用

资料打印：50元；

资料复印：50 元；

咨询点场地租用：100 元。

8. 劳务费用

20 人，共 600 元。

9. 其他费用及不可预知费用

300 元。

10. 总计

5655 元。

我们真心希望贵公司和策划社携手共进，创造美好未来。

【训练活动】

活动一：撰写活动策划方案

全班分为 5 个小组，每小组 6 人，其中一人为组长，为“上海理工大学光电信息与计算机工程学院精益杯”撰写活动策划。

活动要求：

①每个小组成员都必须参与到活动策划中，其中组长要起到引领作用，同时组长要关注每个组员的表现；

②策划内容必须包含活动主题、背景、目的、活动准备、活动流程、经费预算、宣传方案等，其他可根据需要添加；

③每个小组需提交一份完整的策划方案，并简要介绍本组方案；

④培训师对每一个方案做出点评与总结。

【训练小结】

通过以上训练活动，你是否掌握了基本的活动策划方案写作及技巧？你们小组的活动策划方案中是否考虑到了应急方案？思考活动决策中会有哪些意外和突发情况。

单元二　竞赛活动实践与组织力培养

【基础知识】

一、竞赛活动中的团队合作

高校的竞赛活动，往往都是以团队形式开展的。什么是团队呢？团队是由两个或两个以上的人组成的共同体，该共同体合理利用每一个成员的知识和技能协同工作，解决问题，达到共同的目标；团队内的成员在工作上相互依附，在心理上彼此依赖，在感情上互相影响，在行为上有共同的规范。团队和群体不一样，团队成员间具有高度的凝聚力，而群体可能是有共同目的但缺乏协作性、没有凝聚力的人群。

团队意识，就是大局意识，是协作精神和服务精神的集中体现，其基础是尊重个人的兴趣和成就，核心是协同合作，最高境界是全体成员的向心力、凝聚力，反映的是个体利益和整体利益的统一，进而保证组织的高效运转。团队意识并不是要求团队成员牺牲自我，相反，挥洒个性、表现特长，才能保证团队成员共同完成任务目标，而明确的协作意愿和协作方式，则能够生产真正的内心动力。

什么是团队精神？所谓团队精神，是指组织成员对组织感到满意与认同，自觉地以组织的利益和目标为重，在各自的工作中尽职尽责，自愿并主动与其他成员积极协作、共同努力奋斗的意愿和作风。团队精神的实质是组织成员与组织有共同的价值观。团队精神表明了组织成员的一种态度，一种对真、善、美，对个人和组织之间以及组织成员之间的关系，对组织目标、利益与发展，对待团队事务与工作等的根本态度，这种态度与组织的要求相一致。团队精神的核心是团结协作、优势互补。团队精神强调的不仅仅是一般意义上的合作与齐心协力，因为这最多带来“1 + 1=2”的效果，要发挥团队的优势，其核心在于团队成员在工作上加强沟通，利用个性和能力差异，在团结协作中实现优势互补，发挥积极协同效应，带来“1 + 1 > 2”的绩效。

俗话说：“一个和尚挑水喝，两个和尚抬水喝，三个和尚没水喝。”“一只蚂蚁来搬米，搬来搬去搬不起；两只蚂蚁来搬米，身体晃来又晃去；三只蚂蚁来搬米，轻轻抬着进洞里。”其中，“三个和尚”是一个团体，他们没水喝是因为彼此之间互相推诿、不讲协作；“三只蚂蚁来搬米”之所以能“轻轻抬着进洞里”，正是团结协作的结果。团队合作的力量是无穷的，一旦被开发，这个团队将创造出不可思议的奇迹。

当今社会，随着知识经济时代的到来，各种知识、技术不断推陈出新，竞争日趋紧张激烈，社会需求越来越多样化，人们在工作学习中所面临的情况和环境更是复杂。很多情况下，单靠个人能力难以完全处理各种错综复杂的问题并采取切实高效的行动。这时就需要人们组成团体进行团队合作。团队合作是一种为达到既定目标所显现出来的自愿合作和协同努力的精神。它可以调动团队成员的所有资源和才智，并且会自动驱除所有不和谐和不公正现象，同时给予无私的奉献者适当的回报。如果团队合作是出于自觉自愿，那么它必将会产生一种强大且持久的力量。

团队合作往往能激发出团体不可思议的潜力，团队合作的成果往往能超过成员个人业绩的总和。正所谓“同心山成玉，协力土变金”。一个团体，如果组织涣散，人心浮动，就不会有生机和活力，在一个缺乏凝聚力的环境里，个人即使有聪明才智、雄心壮志，也不可能得到充分发挥。只有懂得团结协作才能获得成功，甚至创造奇迹。总的来说，团队合作的重要性与注意事项如下。

①团队大于个人。一个团队的力量远大于一个人的力量。团队不仅强调个人的工作成果，更强调团队的整体业绩。团队依赖的不仅是集体讨论和决策，同时也强调成员的共同贡献。

②团队协作的本质是共同奉献。这种共同奉献需要一个切实可行、具有挑战意义且让成员能够信服的目标。只有这样，才能激发团队的工作动力和奉献精神。一个团队里，只有成员间不断分享自己的长处，不断吸

取其他成员的优点，遇到问题及时沟通交流，才能让团队的力量发挥得更加淋漓尽致。

③团队合作与个人的潜力。团队协作能激发出团队成员不可思议的潜力。若团队中的每个人都能坦诚相待、取长补短，则团队中成员的个人能力肯定会大大提升。这样，不仅团队力量日益强大，成员自己的能力和潜力也会慢慢增加。

④团队精神的核心是协同合作。协同合作是一个团队不可或缺的精髓，建立在以相互信任为基础的无私奉献上，团队成员因此而互帮互助。

二、团队决策中的头脑风暴

（一）头脑风暴法的含义

在群体决策时，群体成员间由于心理相互作用，易屈于权威或者大多数人的意见，形成群体思维。群体思维会削弱群体的批判精神和创造力，损害群体决策质量。为了保证群体决策的创造性，提高决策质量，管理上发展出了一系列改善群体决策的方法，头脑风暴法是其中较为典型的一个。

头脑风暴法（Brain Storming，BS 法）又称智力激励法或自由思考法（畅谈法、畅谈会、集思法），是团队合作中集体性决策方法。头脑风暴法是由美国创造学家亚历克斯·奥斯本于 1939 年首次提出、1953 年正式发表的一种激发性思维的方法，其主要特点是把对某一类议题有兴趣的人聚集在一起，完全规避规章制度和集体环境的影响，发散这些人的想象力，畅通言路，集思广益。

头脑风暴法可分为直接头脑风暴法和质疑头脑风暴法。前者是在专家群体决策时尽可能激发创造性，产生尽可能多的设想的方法，后者则是对前者提出的设想、方案逐一质疑，分析其现实可行性的方法。采用头脑风暴法组织群体决策时，要集中有关专家召开专题会议，主持者以明确的方式向所有参与者阐明问题，说明会议的规则，尽力创造融洽轻松的会议气氛，一般不发表意见，以免影响会议的自由气氛，由专家们自由提出尽可能多的方案。头脑风暴法经各国创造学研究者的实践和发展，至今已经形成了一个发明技法群，如奥斯本智力激励法、默写式智力激励法、卡片式智力激励法等。

（二）头脑风暴法实施的原则和条件

头脑风暴法的创始人奥斯本针对头脑风暴法的组织实施提出了四项基本原则：一是面对他人提出的各类建议不做任何主观性的评价，尽可能避免相互讨论带来的影响；二是参与成员提出的意见越多越好，在此过程中，参与者不必考虑自身提出意见的质量和价值效度，有什么样的想法就提出什么样的意见；三是积极鼓励每个参与者将自己当作独立的个体，面向不同的问题提出各种建议，参与者应尽可能地放开想象，寻求多种解决方案，尽可能广开言路，提出的想法越奇特、越新颖越好；四是在广开言路的过程中，参与者尽可能完善自己的想法和意见，使自己提出的建议更具说服力。

头脑风暴法的实施在于创造一种畅所欲言、轻松宽泛的自由思考氛围，其目的在于使不同的参与者能进行思想共鸣，在思想碰撞过程中能产生更多有价值的创造性思维。这种决策方法的实施一般安排在 30 ～ 60 分钟，以 5 ～ 10 人参与为宜。

（三）头脑风暴法要求和程序

1. 组织形式

参加人数一般为 5 ～ 10 人（课堂教学也可以班为单位），最好由不同专业或不同岗位者组成；

会议时间控制在 1 小时以内；

设主持人 1 名，主持人只主持会议，对设想不做评论。设记录员 1 ～ 2 人，要求认真将与会者每一设想不论好坏都完整记录下来。

2. 会议类型

设想开发型：这是为获取大量设想、为课题寻找多种解题思路而召开的会议，要求参与者善于想象，语言表达能力强。

设想论证型：这是为将众多设想归纳转换成实用型方案召开的会议，要求与会者善于归纳、分析、判断。

3. 会前准备工作

明确主题。会议主题需提前通报给与会人员，让与会者有一定准备。

选好主持人。主持人要熟悉并掌握该技法的要点和操作要素，了解主题现状和发展趋势。

参与者要有一定的训练基础，了解会议提倡的原则和方法。

会前可进行柔化训练，即对缺乏创新锻炼者进行打破常规思考、转变思维角度的训练活动，以减少思维惯性，从单调的紧张工作环境中解放出来，以饱满的创造热情投入激励设想活动。

4. 会议原则

为使与会者畅所欲言，互相激励和启发，达到较高效率，与会者必须严格遵守以下原则。

①禁止批评，不要自谦。对别人提出的任何想法不得批判、不得阻拦。即使自己认为是幼稚的、错误的，甚至是荒诞离奇的设想，亦不得予以驳斥；同时也不允许自我批判，在心理上调动每一个与会者的积极性，防止出现一些“扼杀性语句”和“自我扼杀语句”，如“这根本行不通”“你这想法太陈旧了”“这是不可能的”“我提一个不成熟的看法”等语句。只有这样，与会者才可能在充分放松的心境下，在别人设想的激励下，集中全部精力开拓自己的思路。

②目标集中，鼓励设想。在智力激励法实施会上，会议以谋取设想数量为目标，激励大家提设想，设想越多越好。

③鼓励巧妙利用和改善他人设想。每个与会者都可以从他人的设想中激励自己，从中得到启发，或补充他人设想，或将他人的若干设想综合起来，提出新的设想。

④与会人员一律平等。无论是该方面的专家还是其他领域的学者，与会人员一律平等；各种设想，不论大小、正确与否，记录人员都要完整记录下来。

⑤主张独立思考，提倡自由发言。会议提倡与会者任意想象、自由发挥、独立思考、畅所欲言。

⑥不强调个人成绩，以小组利益为重。与会人员注意和理解他人贡献，创造民主环境，不得以多数人的意见阻碍个人新观点的产生。

5. 会议实施步骤

会前准备：主持人、参与人和课题任务三落实，必要时可进行柔性训练。

设想开发：由主持人公布会议主题并介绍与主题相关的参考情况；突破思维惯性，大胆进行联想；主持人控制好时间，力争在有限时间内获得尽可能多的创意性设想。

设想分类与整理：一般分为实用型和幻想型两类。前者是指目前技术工艺可以实现的设想，后者指以目前技术工艺不能实现的设想。

完善实用型设想：对实用型设想，再用脑力激荡法去进行论证，进行二次开发，进一步扩大设想的实现范围。

幻想型设想再开发：对幻想型设想，再用脑力激荡法进行开发，通过进一步开发，有可能将创意的萌芽转化为成熟的实用型设想。这是脑力激荡法的一个关键步骤，也是该方法质量高低的明显标志。

6. 主持人技巧

主持人应了解各种创造思维和技法，会前向与会者重申会议应严守的原则和纪律，善于激发成员思考，使场面轻松活跃而又不失脑力激荡的规则；以激励的词句语气和微笑点头的行为语言鼓励与会者多提出设想；避免与会人员发言不均或形成辩论会；经常强调设想的数量；遇到发言停滞时，可采取适当方法引导与会人员进行休息或脑力激荡；掌握好时间，会议控制在 1 小时以内，形成的设想应不少于 100 种，到预定结束的时间后，可根据情况再延长 5 分钟，若再没有新观点出现，智力激励会议可宣布结束。

【训练活动】

活动一：头脑风暴法训练

全班自由组队分成 5 个小组，每组 6 人，每个小组讨论出一个创新创业方案，在全班范围内汇报，评选出最佳方案。

活动步骤：

每个小组成员都需将自己的个人意见和想法记录下来；

小组需通过头脑风暴得出一个最佳想法，并将想法细化为方案；

每个小组需选出汇报人进行汇报；

各小组选出一名组员做最终评委，评选出最佳方案；

教师对各小组表现情况做点评。

【训练小结】

通过竞赛活动实践，你是否体会到了小组合作的重要性？你在小组中扮演了什么角色？你对头脑风暴有什么新的感悟？

单元三　志愿服务暑期实践与组织力培养

【基础知识】

一、志愿服务与暑期社会实践的重要性

志愿服务在我国具有深厚的文化底蕴。《礼记》中提倡的“天下为公”

思想、孟子的“恻隐之心，人皆有之”思想、墨家的“兼爱非攻”思想、道家的“积德行善”思想，无不折射着真、善、美的深刻内涵。在新时代，志愿服务不仅已经成为遍布全国各地、渗入诸多社会领域的规模空前的社会活动，而且也是志愿服务者了解社会、了解国情、传承道德、实现价值的重要渠道。如今，志愿服务在引领社会风尚和促进社会教化方面发挥着越来越重要的作用。

志愿服务使大学生将专业理论知识运用于社会实践，在提高大学生综合素质的同时也使他们更进一步地了解了社情民意，增强了他们服务社会、贡献社会的责任感。大学生志愿服务提供的社会交往和互相帮助的机会，强化了人与人之间的关怀和互助，增强了成员之间的信任、团结和互助。大学生志愿者在参与志愿工作的过程中，既是“助人”，也是“自助”，既帮助志愿服务对象提升了道德素养，也让自己的道德品质得到提升，最终实现全社会公民道德素养的整体提高。

“读万卷书，行万里路”。大学生暑期社会实践活动是高校课堂的有效延伸和补充，是组织时间最长、参与人数最多、活动集中、内容丰富的社会实践。大学生暑期社会实践活动的开展提高了大学生的道德素质、思想政治素质、专业文化素养；高校通过暑期社会实践活动，不仅能够充分调动大学生的内在积极性和主动性，引导大学生在实践中自我体悟、自我教育、自我管理、自我提升，还能提升大学生的学习能力、适应能力、创新能力、人际关系培养能力、组织决策能力、职业生涯规划能力，加深大学生社会化，促进高校实践育人。

通过大学生志愿服务和社会实践活动，培育了大学生的实践能力，使大学生在亲身经历中进一步认识社会、了解社会，锻炼自己的决策素养、身心素养和综合素养，帮助其学会在复杂真实环境下做出重要的判断，促进大学生决策能力的整体提高。

二、复杂真实环境下的重要性判断

（一）在外出活动中重要性判断内容

1. 作业安全

学生开展社会实践活动，在做简单安全的手工劳动时严禁操作有危险性的机器。学生到工厂后，工厂安全生产管理人员向学生介绍该厂的规章制度，尤其是安全规章。学生务必认真听讲，严格遵守规章制度，服从员工安排，虚心学习，明确岗位责任和要求，避免进入危险机器作业区，防止出现安全事故。同时，要杜绝在作业车间给手机充电；严禁在作业车间、仓库等地方吸烟。

2. 饮食安全

由于开展社会实践活动的合作单位常处于一些工农业区，饮食环境复杂，为预防食物中毒，学生务必保持艰苦奋斗、勤俭节约的优良作风，坚持在单位饭堂用餐，不擅自外出就餐。

3. 生活设施安全

到了用人单位后，要认真仔细查看宿舍区的消防设备情况，留意阳台、走廊、窗台等处的防护栏高度，检查天花板、墙壁上的风扇、电线、电灯等用电设备是否正常工作，地板瓷砖、卫生间瓷砖的防滑情况，宿舍门窗是否完整，以及床铺的安全性等。如发现问题，须及时报告处理。

4. 出行安全

在参加社会实践活动期间，一般情况下不准学生独自活动，如有特殊情况确定需要外出，必须做到以下五条。

①向学生组长提出申请，并报指导老师批准后，方可离开单位。

②避免夜间外出或单独外出，外出时至少有三到五人同行。

③外出前应将前往地点和预计返回时间告知老师或其他同学，并尽量保持一定的联系。

④严禁进入网吧、歌厅等有安全隐患的场所。

⑤往返途中注意安全。

5. 交友安全

到达实践单位后，不宜与单位员工有过多过密接触。注意做到如下三条。

①不与不相识者主动交谈，特别是看起来别有用心之人。

②不到他人住处。

③遇到侵害，要大胆反抗并及时报告学生组长和指导老师。

（二）重要性判断理解及其策略

重要性原则最初作为财务会计的一个限制性因素被使用，后来被管理学借用，主要指和价值判断无关的排序，其决定了有效管理先后次序，对管理事务具有普遍的指导或约束作用。要认识重要性原则的性质，就必须把握好其与相关性和可靠性的关系。

1. 重要性与相关性的关系

重要性与相关性两者有着本质的、内在的联系，重要性直接服务于相关性。重要性与相关性有许多共同点，如两者都受目标的影响，都从信息使用者的角度来下定义。但两者又有区别：相关性是一种质量上的要求，而重要性是一种数量上的要求；相关性原则的核心是信息使用者对信息是否感兴趣（与决策是否相关），而重要性原则的核心是对信息使用者是否起作用（对决策是否重要）。重要的信息肯定相关，但相关的信息却不一定重要。

2. 重要性与可靠性的关系

重要性强调“不能遗漏和错报重要信息”，可靠性除了包含“充分披露”这一概念外，还强调真实反映和可核性。两者都包含完整性的概念，但是可靠的信息不一定都重要，重要性除了要求完整以外，还要求信息相关。

重要性判断是对所要做的事情按照重要的程度进行排序。重要的事情要符合两个条件：第一，决定或改变你的一生；第二，提升自我价值，提高自己核心竞争力。一般我们要将要做的事情分为四大类：重要且紧急；重要不紧急；紧急不重要；不紧急也不重要。这也是我们对自己要做的事情的排序准则，如图 3-1 所示。

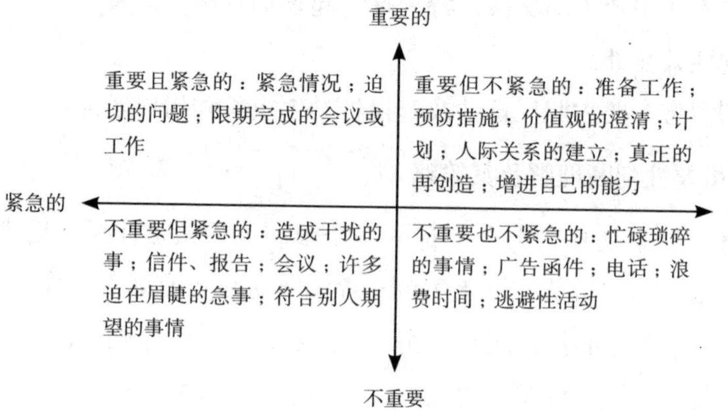

图 3-1 重要性判断

我们要做的事情永远都是重要的事情，那么事情的重要程度是否与紧急度有关？首先把我们要做的事情按照工作事项、学习事项、生活事项进行分类，再对不同类别分别进行排序。其中，工作清单要具备两个条件：必须做和在一定时间内完成。因此，我们在列清单时，清单上的事情一定是必须做的，至于哪项排第一，取决于哪件事情最紧急。学习清单的重要程度由三方面决定，分别是学习方向、学习阶段和自己核心竞争力提升程度。生活清单决定事情重要程度的方式与学习清单相似，那就是看自己的受益程度，受益程度越高，重要性就越高。

【训练活动】

全班自由组队，每组人数不能低于 3 人且不能大于 7 人，从以下训练活动二选一。

活动一：志愿活动

组织或集体参加一个志愿服务活动，形式不限，要求：

①每个小组成员都必须参加到志愿服务活动中；

②小组组长需要注意组员的安全问题，做好安全防护；

③小组中每个成员都需要提交志愿服务感悟报告，报告中需涉及活动感悟、活动中遇到的问题以及解决措施等。

活动二：社会实践项目

组织并申报一个社会实践项目，要求：

①每个小组成员都必须参加到社会实践活动中；

②小组组长需要注意组员的安全问题，做好安全防护；

③小组最终需提交一份完整的社会实践报告。

【训练小结】

大学生培养不能局限于文化知识，更重要的是综合能力的全面培养。通过以上训练活动，你对于这个观点有什么感悟？你有哪些收获？

【训后实践】

本章通过大学生校园活动、大学生竞赛活动和大学生志愿服务活动，培养学生的自主选择和决策能力，提升大学生的组织力。人的智力发展具有不平衡性，表现在发展阶段的不平衡和获取知识的不平衡，校园文体活动能逐步培养大学生独立思考、选择的能力，增加学习的方向、深度和广度选择。校园文体活动不仅可以培养学生的兴趣、发展专长及技能，而且还能帮助学生在决策实践中培养其组织力，为其决策实践搭建具体的、创造性平台。通过校园文体活动，学生将学会在活动中检视自己，学会在组织管理和身心调适中运用所学的专业知识和技能，力求在亲身经历中进一步认识社会、了解社会，锻炼自己的实践能力，提高自身决策力和组织力。

第四章　大学生时间管理与执行力培养

【训练导言】

著名时间管理学家阿兰·拉金教授曾说："时间即生命，掌握了时间就是掌握了生命"。在当今社会，时间的决策能力是决策执行力的一个重要方面，是大学生决策能力的关键性环节。

苏联著名教育家苏霍姆林斯基曾说："真正的教育是自我教育，是实现自我管理的前提和基础；自我管理则是高水平的自我教育的成就和标志。"大学生自我管理能力中的时间管理能力应该受到高度重视。因为一个不善于管理自己时间的大学生是无法管理好自己的。如今新媒体盛行，高科技工具越来越多，各种信息充满了大学生的日常。如何培养大学生在新媒体时代对信息的鉴别能力和对高科技工具的控制力，如何提升大学生面对多样资源获取途径时的选择和执行能力，是高等教育教学需要重视和探索的问题。

大学时间短暂易逝，许多毕业生纷纷表示时间过得太快，其中不乏后悔没有利用好时间来充实自己的学生。但那些高效利用大学时间的学生，则认为自己收获满满，不仅知识得到积累，自控力也得到明显提升，这对自己步入社会后安排时间、执行事务、自我充电等都有益处。由此可见，时间管理对当代大学生的自我管理能力和决策能力的培养十分重要，如何认清时间概念，如何在大学四年时间里面对各类时间问题准确抉择，已成为当代大学生决策能力的重要组成部分。

【训练目标】

本章对时间管理概念和理论进行了梳理和介绍，分析了大学生时间管理现状，并对大学生时间决策力训练所需的理论、方法、工具、注意事项等进行了简要总结。第一单元给出训练案例中的一个实例作为本单元内容的训练活动，旨在通过案例分析和大学生真实生活情景代入，帮助训练者更加准确、深刻地认识高效时间管理的内涵。第二单元通过两个时间决策力训练的团体辅导活动设计，一方面让受训者感受时间管理和决策行为的重要性；另一方面通过集体分享时间决策相关指南、方法和工具，让受训者学会如何进行科学高效的时间决策行为选择。

【训练案例】

我的碎片化时间管理

清晨打鸡血

早晨头脑不清醒，还会带点起床气和不想上班的负面情绪，因此我都会稍微早点起，在家有条不紊地做早餐，慢慢唤醒大脑，边吃早饭边看微信公众号“行动派 DreamList”的推送。这里每天都会按时推送高质量的文章，没有“Drama”的标题，没有空洞的口号式“打鸡血”，而是条理性地告诉你管理时间、管理生活、管理梦想的方法，娓娓道来，满是干货，理论性与实践性并重，让你在“打鸡血”的同时还能知道当下该怎么去做，同时它还会推出一些精品付费课程，我还没有听过，但是感觉如果好好去学，一定会有收获。

中午背单词 + 小憩

中午吃过饭后，本着“不能饭饱立马放松，避免一懒再懒”的自虐心态，我会背会儿单词，背单词还是有些烧脑的，对我来说晚上不合适。我一直用的都是“扇贝单词”，采用每天打卡100个单词的方式坚持着，单词、例句都有发音，讲解也很详细，单词会不定期重复，直到已烂熟于心。只要高度专注，你会发现每天背单词打卡可能只需20分钟时间，我相信大家都能坚持的。

现在也出现了很多英文阅读类应用，比如薄荷阅读，我也跟风关注了，有新的体会再来反馈。中午当然还是要休息一会儿的，但是我中午一般睡不深，科学表明，30分钟是最好的工作日午休时长，睡不着至少也能做到闭目养神，为了让自己在半小时时间内静下心来，我在用“潮汐”App，里面有很多场景，其中“小憩”里的“流水”是我最爱用的，闭上眼，想象有一滴水滴在眉心，清透纯净，眉毛舒展开来，暂时忘却烦恼。

工作学习计划与备忘

用手机随时随地的记录和备忘很有必要，因为我们身边不可能一直有笔和纸。我用的是“有道云笔记”，它功能很多，在外出开会、调研时会用，看到有趣的语句想要摘抄时会用，写文章打草稿时会用。因为“有道云笔记”在电脑端和手机端可以同步，所以真正做到了随时随地、不限设备的使用。我觉得这类记录型软件不需要太多功能，界面一定要干净简洁，使用一定要便捷方便，“有道云笔记”完全能满足我的需求。

最近一直在琢磨时间高效利用，需要一款计划型的App，在众多时间管理软件中，我选择了“奇妙清单”。首先它的名字很梦幻，我希望我坚持下来，真的可以发生奇迹。其次也是最重要的——使用感好。有的App是侧重时间管理，比如25分钟为一个周期，重点把控这段时间的专注度。而奇妙清单就是待办事项管理型的，直截了当列出每日计划，你可以像我这样把自己每天的任务分类，比如锻炼、学习、工作。每项任务完成即打钩，在已完成事项中可以看到自己划掉的任务，很有成就感。针对每项任务还可以制定细节，比如设定截止时间、提醒时间，细化工作步骤，这样对于要持续一个阶段的工作也能很好地把控阶段性进展。

随时随地阅读看书

我个人还是偏向阅读纸质书。可以勾画标注、来回翻阅，但是随时随地的阅读还是要依赖 App，我手机里有好几个，如 ZAKER、今日头条、国务院。“华为阅读”是手机自带的 App；“博看期刊”是机关免费使用的，我比较喜欢用它来看杂志（经济类、旅游类）；“微信读书”是跟风下的，还不错，以积累阅读时长换取更多的书；“网易蜗牛读书”每天免费阅读一小时，也是完完全全够的。总之这些 App 都不错，贵在坚持。

通勤路上听书

“喜马拉雅 FM”大家都很熟了吧。我是用它来打发上下班在公共交通工具上的无聊时间。最爱听的是“晓说”，好看的皮囊千千万，有趣的灵魂很难得，听晓松老师叨叨历史、人文，真的很有趣。

不敢看恐怖片？

最后来个超级解压的，有没有跟我一样喜欢刺激，但又不敢看恐怖片的？这个“搬砖小剧务”公众号推荐给你，选片范围广，讲解详细，语言有时自带搞笑风格，悬疑片居多，更新频繁，在什么事都不想做的时候，来部恐怖电影图解吧，舒解压力的同时也不浪费太多时间。[1]

思考题：

此案例展现了一些有效的时间管理情景，其中体现了时间管理的思

[1] 佚名 · 2018 · 我的碎片化时间管理 . https://www.jianshu.com/p/4575e53e64b5?open_source=weibo_search. [2021-01-14].

路和工具，对大学生和碎片化时间进行管理决策的情景进行了再现。教师可以带领学生进行案例阅读，对主人公的自述进行行为分析、优点分析，以及学生的个人现实反思，引导学生思考时间管理、现状分析、时间决策、时间管理使用方法及使用工具。

单元一　时间管理的概念梳理及现状分析

【基础知识】

一、时间管理

（一）理解时间管理

对于时间管理概念的描述，很多学者都有过不同的表述。

有人认为“时间管理倾向是个体在对待时间的功能和价值上，在运用时间的方式上所表现出的心理和行为特征”。

在 MBA 智库网站上，对时间管理进行搜索后得到的结果为：“时间管理是有效地运用时间，降低变动性。时间管理决定什么事该做，什么事不该做。时间管理最重要的功能是透过事先的规划，作为一种提醒与指引。”此外，在时间管理的过程中，人作为时间管理的主体，经常会遇到一些阻碍或者形成一定的误区。例如，主体会常受到他人、噪声、自己熟悉的时间管理方法并不是最有效率的等众多外围因素的干扰。

在百度百科上对时间管理进行搜索后得到的结果为：“时间管理是指通过事先规划和运用一定的技巧、方法与工具，实现对时间的灵活及有效运用，从而实现个人或组织的既定目标的过程。”

从哲学角度看时间是物质运动的顺序性和持续性，是一种特殊的资源。具有供给毫无弹性、无法蓄积、无法取代、无法失而复得的四大独特性。

综上所述，对时间这一资源的管理过程中，人不仅需要努力学习运用及选择各类管理工具与技巧来提升自己的时间管理水平和技能，还需要从认知和执行上真正认识与了解时间管理的特性和内在要求，增加自身管理时间的持久动力，从而使有限时间内的产出最大化、最优化。

（二）时间管理相关理论的发展

有关时间管理的研究可分为四代。

第一代的理论着重利用便条与备忘录，在忙碌中调配时间与精力。

第二代理论强调行事历与日程表，反映时间管理已注意到规划未来的重要。

第三代理论讲求优先顺序，也就是依据事情的轻重缓急设定短期、中期、长期目标，再制订实现目标的计划，将有限的时间、精力加以分配，争取最高的效率。这种做法有它可取之处，但也有人发现，过分强调效率有时会产生负面反效果，使人失去增进感情、满足个人需要及享受意外之喜的机会。于是许多人放弃这种过于死板、拘束的时间管理法，重新选取前两代的做法，以维护生活的品质。

第四代理论与以往不同之处在于它否定“时间管理”这个名词，主张关键不在于时间管理，而在于个人管理。与其着重于时间与事务的安排，不如把重心放在维持产出与产能的平衡上。时间管理的本质是个人管理而非单纯的时间管理，特别强调个体的作用，注重人的主观能动作用，个人既是时间管理的主体，又是时间管理的客体。因此，回归当代大学生校园生活，大学生的自身努力，才是化解碎片化时间管理困惑的核心与关键。

二、大学生时间管理现状

当代大学生在结束中学生涯、步入大学校园之后，在自我管理方面常常会出现各种各样的问题，如自我管理意识淡薄、学习目标不明确、做事没有条理、不懂得拒绝别人等。这些问题极大地影响了大学生的学习生活质量。如何进行自我管理，如何给予自身积极的管理行动，如何面对大学期间多样的选择和时间空当，都成为亟待解决的问题。在解决这些问题前，对当代大学生生活选择、时间安排现状的了解就显得尤为重要。

（一）课余活动形式多样，学生选择却过于单一

随着大学生闲暇时间的增多，课余生活也多种多样，内容丰富。主要的课余活动内容包括课堂知识的拓展学习、各种各样的社团活动、志愿活动、特长协会等。如今的大学生活已不同于以前单调一元的模式，变得越来越多元化，有些大学还开展了一系列供学生选择的兴趣选修课，不断丰富大学生的课余生活。但是，学生们的选择却过于单一，仅选择一种或几种来体验，觉得不新鲜不好玩就不会再碰，有的学生甚至一直宅在宿舍看剧、上网，生活非常单调。

（二）闲暇时间多应用于娱乐，学习时间较少

学生每天的睡眠时间平均是 8 个小时，除去这 8 小时的睡眠时间，按每节课 45 分钟计算，每周 40 节课，上课时间就是 1800 分钟，而课余时间为 4920 分钟，大约为上课时间的三倍。那么大学生是如何分配和使用这些时间的呢？调查表明，大部分学生课余时间都用来娱乐，如上网、追剧、购物、看电影等；还有一部分学生用来做兼职或做志愿者活动，以丰富自己的阅历；很少一部分学生用于学习课堂上涉及的知识或未消化的知识。

当分析产生这种不合理利用课余闲暇时间的原因时，专家们得出了这样的结论：刚刚结束了高中紧张的学习生活步入大学，面对一种与之前完全不同的管理模式，学生们一方面对新管理模式感到新奇，另一方面由于受一些大学高年级学生思想的影响，认为大学比高中轻松，要多利用大学时光去放松自己。殊不知，大学靠的就是学生们的自制能力，大学期间学生不可以过度放纵自己，否则就白白浪费了大好的学习时光。

（三）体育锻炼时间较少，心理素质较低

如今的大学生普遍没有加强体育锻炼的意识，缺乏锻炼导致大学生的身体素质较差。为了改善这种情况，许多高校实施了上早操的措施，但学生们却不赞成这种做法，一些学生利用各种借口和理由逃早操。这一问题的出现折射出当代大学生因缺乏体育锻炼而身体素质下降，且心理机制不够成熟的问题。如若不加强体育锻炼，学生们不但身体素质上不去，心理素质也将越来越差。

（四）对碎片化时间管理的认知和管理水平参差不齐

碎片化时间是指人们在工作或正式学习之余的短暂空闲时间，如乘地铁途中、排队、等人、等车、睡前等不确定的零碎时间。如何利用碎片化时间进行学习和安排各种活动，成为摆在所有大学生面前的一个普遍问题。

调查显示，绝大多数大学生了解碎片化时间概念。大学生群体对碎片化时间管理的认知上，呈现性别、专业、年级、手段选择和方法选择上不同的特点。研究指出，女生碎片化时间管理意识较男生强；非文史类学生较文史类学生强；随着年级升高，大学生碎片化时间管理意识逐渐加强但效率不佳，低年级学生碎片化时间大多用于娱乐，高年级则更多用于学习；在碎片化时间管理手段上，39.82% 的人未采取过任何手段，比例很高，必须引起重视；36.50% 的人自己列时间表；28.98% 的人运用手机管理软件；28.54% 的人用备忘录提醒事项；17.7% 的人通过同学间相互督促。比较而言，多数人选择自己列表对碎片化时间进行管理。在采用碎片化时间管理方法上，77.43% 的人喜欢要事第一法，43.58% 的人偏好填补法，37.83% 的人钟情番茄工作法，21.68% 的人喜欢合并法，11.95% 的人喜欢利用手机 App 提醒或同学之间相互督促。

大部分大学生碎片时间的数量较为充足，周一到周五学习日和周末休息日碎片时间的长度略有不同。学习日大部分学生碎片时间为 1 ～ 2 小时，休息日碎片时间长度为 3 ～ 4 小时，甚至是 5 小时以上。大学生对碎片时间的计划程度较低，他们能够意识到在碎片时间内安排活动，但很少有人专门针对碎片时间制订具体计划。大学生利用碎片时间的目的多种多样，其中大多数学生使用碎片时间的目的是打发时间，时间实际使用频率较低，内容多集中在使用社交软件上。大学生使用碎片时间具有四种典型的模式：放任疏忽型、娱乐消遣型、盲目上进型、科学合理型。大学生使用碎片时间时，手机成了最主要的活动载体，分清事务的轻重缓急进行处理，是他们采用的最主要的碎片时间管理办法。

（五）对时间管理重要性存在认知和行动误区

过度追求时间安排的完美性。大学生中不乏典型的完美主义者，一味追求完美往往是因为一直没有准备好而一拖再拖，最后不了了之。正确的做法应该是，计划好大致的学习或工作安排后就先做起来，边做边发现问题，再主动寻找解决方案，然后不断修正，这样反而能让事情完成得更加高效。

片面追求事情完成的数量。多数学生认为，优质的时间管理是在有限的时间里做完更多的事情。但这只能表明效率比较高，并不是时间管理的真正意义。时间管理强调的是合理规划和利用时间，要求大学生做事追求价值最大化，让自己的能力得到提升。因此，时间管理不是指在单位时间里做更多的事情，而是指高效完成重要的事情并给自己带来最大收益。

曲解时间管理的意义。多数大学生认为时间管理就是把每一天都安排得滴水不漏，做完一件事接着就去做另一件事，不给自己一点放松时间。这是错误的。人的时间、精力有限，真正的时间管理是为了让自己无压力地学习和生活，而不是机械地按部就班。

过于乐观地高估自己的能力。很多大学生过于乐观高估自己完成某个学习或工作的任务时常，这可能是因为大学生错误地认为，虽然现在没有完成任务，但是接下来自己一定能高效率地完成工作，或者错误地估计某个任务花不了太多时间。

缺乏有效的时间规划。大学生由于社会经验不足，很容易对各种任务来者不拒。例如，中断手上正在做的重要事情，转而去完成碎片化任务，如回复消息。碎片化任务会让大学生觉得自己更“忙”，错误地认为自己不断在各个任务间切换，好像完成了更多事情，但实际上每一次中断都需要花费十倍、二十倍的时间才能重新集中注意力，导致有效学习或工作的时间减少，还会消耗原本可以用来休息的时间。同时，由于感觉学习或工作很累，大学生们会在重要的事情上松懈，忍不住在移动设备上做一些其他的事，如刷微信、微博等。这些都是大学生缺乏有效时间规划的表现。

急功近利，只求结果。时间管理重在长时间实践。每个人的情况不一样，每天面对的事务也不同，大学生在掌握了时间管理知识后还需要多结合实际去练习，找到适合自己的时间管理方法。只有找对方法、坚持实践，经过一段时间的实践，才会收到一定的成效。

三、领导执行力视域下大学生时间管理效果分析

德国著名教育家博尔诺夫曾说：“教育的第一个任务是教育者应该给自己留下时间，给教育留下时间。教育的第二个任务是唤醒人们对自由时间重要性的认识，从而积极地创造自由时间。”对于大学生来说，一是课余时间没有规定要求要做什么，所以课余时间就是学生们的自由分配时间；二是大学生课余闲暇时间十分充足，甚至超过了课堂时间。以上两点决定了大学生对时间管理的能力主要体现在对课余闲暇时间的管理上。

影响大学生碎片时间管理的因素。

1. 大学生性别、生源地、年龄等因素影响

（1）男生和女生在成就动机的水平、时间管理的能力和拖延行为3个方面都有着显著差异，男生的成就动机水平更高，但拖延行为却更加严重。原因可能是社会和家庭对于男性的角色定位更高，所以男性的成就动机水平高于女性，男性的理性思维能力更强，对时间的把控能力更高。但在目前的大学校园中，很多男生因为惰性和贪玩等原因，学习态度和积极

性没有女生高，拖延行为更严重。

（2）城镇户口大学生的时间管理和成就动机水平高于农村户口大学生。原因可能是城镇家庭的孩子，自小父母对其要求更加严格，对孩子的未来规划更加明确，而农村家庭的孩子大多处于散养状态，父母较少管束，因此相比农村家庭的孩子，城镇家庭孩子的自控力更高，对自己有更高的要求，因而成就动机也高。

（3）是否是独生子女对大学生的拖延行为和成就动机水平方面有着显著的影响，独生子女的拖延行为更严重。原因可能是父母给予独生子女更多的关爱与照顾，容易让孩子产生依赖心理，从而导致其拖延行为高于非独生子女；独生子女的成就动机水平更高，原因可能是父母给予独生子女更多期望，提出更高要求，间接导致独生子女更渴望成功，进而具有更高的成就动机。

（4）与非学生干部相比，学生干部具有更高的成就动机。原因可能是担任学生干部可以锻炼人的意志，提升人的综合素质，学生干部在工作中会变得更加自信和有能力，因而增加了他们对做事成功的渴望。

（5）年级因素也是很重要的一个影响因素。研究发现，在成就动机水平上，大一学生最高，大三学生最低；在时间管理上，大三学生最高，大二学生最低；在拖延行为上，大三学生最高，大一学生最低。这说明大学期间学生的思想和行为的变化性较大，大一学生对学业怀有极高的热情，所以成就动机水平高，拖延行为较低，而大三学生正处于学业压力较大的时期，所以拖延行为较高，同时在时间管理上也更加合理。

2. 大学生自控力的内在影响因素

影响大学生放弃或中断碎片化时间管理的因素很多，其中自控力弱居第一位，占 65.49%；过多时间用于娱乐消遣而放弃的占 45.13%，居第二位；突发事件多而放弃的占 37.83%；管理效果不佳而放弃的占 34.51%；生活节奏加快、碎片化时间增多而放弃的占 26.11%；成就欲望不足的占 23.89%；整块时间安排妥当而不考虑的占 21.46%；学校未开设该类课程的占 14.6%；成长经历影响占 6.86%；家庭教育影响占 6.19%。综上可知，影响大学生放弃或中断碎片化时间管理的因素中，大学生可控的内部因素占主导，不可控的外部因素次之。

3. 外围大环境的影响因素

碎片时间的产生，一是技术原因，科技发展带动人们生活工作节奏的加快，之前大量的大块时间不断细分后成为细小时间块，产生了碎片时间；二是由于传统媒体逐渐被手机、互联网等现代媒体所取代，使信息更加便捷、迅速、高效和多样化，催生时间“碎片化”的趋势；三是社会原因，人们的生活和工作环境因为各种原因经常充满变数，这些变数往往会催生碎片时间。

四、时间管理对提升对大学生执行力的重要性

时间对每一位大学生而言都是公平且重要的，因为时间有四个独特性，即供给毫无弹性、无法蓄积、无法取代、无法失而复得，因而更显得珍贵，要善加利用。多数大学生时间管理能力糟糕，以至于最低限度的效率表现却被视为正常状态。大学生如果没有对时间进行有效管理，就很可能只发挥自身能力的百分之二三十。时间管理的意义就在于做好确定目标、计划时间、自我管理的工作，减少浪费时间，使时间经济效益发挥到最大。

（一）闲暇时间利用的重要性——培养人才

在闲暇时间的活动中，学生们一方面可以将课堂中习得的知识和技能应用到实践中，以此来检验自己是否真正掌握了所学内容；另一方面可以拓宽自己的知识结构，培养自己的创新能力，学到课堂上学不到的东西。有效的时间管理使大学生获得充裕的回顾与反思时间，以便进行下一步计划的安排与思考，探求改善与努力的方向。有效的时间管理能提高个人和团队的组织效能，使大学生获得更多时间去做重要但不紧急的事情，进而提高学习及办事效率。

1. 缓解大学生心理压力

研究表明，学生的时间管理水平越高，越有利于积极情绪的产生；时间管理水平越差，越不利于积极情绪的产生。因此，大学生对于时间的管理水平是影响大学生主观幸福感的重要因素之一。学校应重视对大学生时间管理能力的培养，尤其是大学生对课余闲暇时间的管理能力，让学生正确并且充分利用课余时间对大学生的心理健康有积极的意义，有助于大学生克服焦虑及其他心理压力。

2. 提高大学生自主学习能力

时间管理是学习策略中的资源管理策略的重要组成部分。美国心理学家韦恩斯坦编制了一种学习策略量表，这种量表用于衡量及诊断学生运用学习方法和学习策略能力的程度，在这个量表下面又包含十个分量表，时间管理分量表就是其中之一。此外，韦恩斯坦研究发现，其他分量表的得分越高，时间管理分量表上的得分也越高，其中时间管理分量表与动机分量表的相关度达到 0.74，与态度分量表的相关度达到 0.59，与注意集中分量表的相关度达到 0.68。因此我们得出这样一个结论：提高大学生的时间管理能力就等于提高了他的自主学习能力。这对于大学生将来步入社会、走向职场有重要的作用。

3. 降低大学生考试焦虑

随着大学生时间管理能力的提高，大学生考试焦虑感降低；若大学生时间管理能力差，当面临考试时，大学生容易产生考试焦虑。有效的时间管理可以减轻大学生的学习压力，督促大学生提早完成任务，减少大学生的紧张感与不安感。

（二）大学生时间管理水平可预测拖延行为

大学生的时间管理水平与拖延行为有着显著的负相关，说明控制时间的能力越强，拖延程度也就越轻。时间管理能力较强的学生一般都是自我要求严格、做事情有计划有条理的学生，他们更能够充分合理地利用时间，按计划安排事宜，所以拖延行为较低。

（三）大学生时间管理倾向影响生命意义感

宾夕法尼亚大学的一项研究表明，自我管理能力比智商更能预测一个人的学术表现。对大学生时间管理倾向与生命意义感之间的关系的调查分析得出，大学生在时间管理倾向与生命意义感之间存在较为明显的正相关关系，学生的时间管理倾向水平越高，个人的生命意义感就越高，两者相辅相成、共同促进。因此，只有真正地保障大学生不断地提高个人的时间管理水平，才能够更好地让其在生活实践中不断追寻生命的意义与价值，实现个人成长和全方位发展。

【训练活动】

活动目的：理解公式“时间管理 = 事件的价值 × 做事的效率”。

活动方案：案例叙述了小任在一天中面对情景的不同处理方式，训练主持人可以根据案例中情景，在展示小任做法前，向学生进行提问，例如：“假如你是小任，遇到这样的情况，你会怎样做？”先调动同学们讨论与思考的积极性，再依次展示小任做出的三种不同的选择。

活动内容：

【小任的一天（情景 1）】

早上八点，学院学工办公室的新晋学生兼职辅导员小任准时来到办公室，收到李老师的通知，让他做一份介绍学院团学系统的 PPT。接到任务后，小任就在网上下载了 PPT 的模板，开始制作。过了一个小时，学生干部张同学走过来打断了他。

“任老师，大家准备去开会讨论下此次迎新的一些准备工作。”

“好，我拿下笔记本。”小任看了看 PPT，觉得时间还早，可以开完会再接着做。

一个小时后……

“终于开完会了！唔……刚刚这页 PPT 我是打算怎么写来着？”小任忘了之前的思路，又开始重新构思 PPT 框架。这时，王老师又走了过来。

“任老师，刚刚我把我们讨论的结果和领导汇报了下，领导说让你把他早上交给你的资料都复印几份。”

小任急忙起身，整理好资料后跑到复印机面前。不巧的是，复印机又卡纸了，小任赶紧联系维修人员来维修，修完打印机后才把资料复印好。这样一上午忙忙碌碌，很快就到了吃午饭的时间了，PPT 的框架还没搭好。

【情景小结（1）】

可以说，小任在时间管理上几乎是空白的，他的工作状态是“随波逐流型”：出现什么新任务就立即去完成。这样的工作状态会很容易被打断。每次打断都会分散自己的注意力，导致工作效率的降低。而且，什么事情都做，其实相当于没有抓住工作的重点。花费大量时间在打印文件这件事上也是很不明智的。随波逐流型的人，看似很忙很积极，但是没有丝毫效率。

【小任的一天（情景 2）】

早上八点，学院学工办公室的新晋学生兼职辅导员小任准时来到办公室，便收到李老师的通知，让他做一份介绍学院团学系统的 PPT。假如小任有一定的时间管理能力，我们来看看他会怎么做。

接到任务后，小任就在网上下载了 PPT 的模板，开始制作。过了一个小时，学生干部张同学走过来打断了他。

“任老师，大家准备去开会讨论下此次迎新的一些准备工作。”

小任看了看 PPT，心想自己已计划早上起码要完成 PPT 的框架搭建和素材整理，估计还要一个小时。

“嗯，这个准备工作的安排是需要下班前提交的是吧？我目前手头上还有一项工作要 1 个小时左右。我们十一点十分开会，然后下午确定最终方案，可以吧？你可以把想要讨论的问题和重点先标出来，到时候效率更高些。”

“好的，我过会儿找你。”

小任继续做 PPT。过了一会儿，领导来电：“小任啊，早上给你的资料，你都复印几份，送到我办公室。”

“好的，什么时候要？需要几份？”

“明天开会要用的，4 份就行。”

“明白了，下班前给您送过去。”小任在便利贴上记下这个任务，继续做 PPT。

早上十一点，小任已经初步确定了 PPT 的内容框架；十一点十分去开会，开完会后，他顺便将资料复印完成。

【情景小结（2）】

小任在时间管理上已经做得很不错了，他的工作状态是“高效率导向型”：对于任务的优先级有自己的判断标准，且懂得怎样应付临时任务，以保证各个任务都能高效完成。这样的人能快速地完成任务，在他人心里树立起有能力的学生助理形象。

第一个案例和第二个案例遇到的事情差不多，但有无规划，便导致了结果的大不同。案例一是有什么做什么，时间不够用；案例二是能合理安排时间节奏，能快速地完成工作任务。案例二中的小任具备了一定的效率和价值思维，但主要侧重于提高效率。其实，如果能更深刻地理解时间管理思维，小任还能做得更好。

【小任的一天（情景 3）】

早上八点，学院学工办公室的新晋学生兼职辅导员小任准时地来到办公室，收到李老师的通知，让他做一份介绍学院团学系统的 PPT。假如小任能更深刻地理解时间管理思维，我们看看他会怎么做。

接到任务后，小任并没有马上做 PPT，而是先思考了几个问题。

小任的思考（1）

①目前学院团学工作的特点在哪？目前一年的规划如何？

②团学活动在学生生活中扮演着什么角色？学工办公室的老师们可以怎样帮助实现这一目标？

通过思考，小任得到了两方面的价值：

①在构思介绍团学系统的 PPT 时，他可以站得更高看得更远，思路

也更清晰：学院团学系统目前在做什么；以后会做什么；PPT 中，哪些要说，哪些不说，哪些是重点，哪些只要提一下即可……

②在制作 PPT 时，可以结合学生实际，思考未来团学组织的发展方向。有了这些思考，制作 PPT 的时间可以一箭双雕，既完成了工作任务，又完成了作为新晋助理一些必要的思考。

“好，明白了，现在回到任务上：李老师需要我做一份介绍学院团学系统的 PPT。”小任心想。

从这个任务入手，小任又给自己抛出了下面几个问题：

小任的思考（2）

①这份 PPT 是为什么而做？

②会用于什么场景？

③目标受众是哪些人？

④如果可以，我要怎样才能做得更好？

第一个问题，可以让小任在构思 PPT 时，确保核心方向；第二、第三个问题，则让他确定 PPT 的调性和表达方式；最后一个问题，能激发他的发散思维，产生灵感。

“我先写个任务清单。”小任心想。

小任的任务清单

①和李老师简单沟通，确认 PPT 确切的目的、受众以及和学院团学组织发展的关联；

②如果需要，询问相关老师和学生干部并收集相关资料，整理成 PPT 的素材；

③完成上面两个步骤后，开始制作 PPT，并在构思阶段和李老师确认。

接到任务后，小任就在网上下载了 PPT 的模板，开始制作。过了一个小时，学生干部张同学走了过来。

“任老师，大家准备去开会讨论下此次迎新的一些准备工作。”

“我想，我们现在的方案还没和学校整体方案对应过，没有充分了解学校的工作安排，有被否决的风险。朱老师说他明天会开一个校级迎新会议。如果先让朱老师了解下学校的大局安排，我们在确定具体学院迎新工作时就更有针对性了。所以，我们可以把往届迎新准备的基本流程提取出来，再将一些关键的、出现的问题或状况整理成一个问题清单，让朱老师明天在校级会议上听听，是否今年学校层面已经帮助解决。等明天知道学校能够提供什么之后，我们再开会讨论我们负责的迎新内容。”

“嗯嗯，你说得对，我先去给朱老师准备一份清单。”

任助理很明白，准备工作不仅要为学院带来实际工作的便利，更要能符合学校的整体安排。所以，他想到在确定具体方案前，最好确保了解学校信息。这其实和他做 PPT 时的考虑是相似的——站在更高的角度思考“价值”。

小任继续做 PPT。过了一会儿，领导来电。

“小任啊，早上给你的资料，你都复印几份，送到我办公室。”

“好的，什么时候需要？几份比较合适？”

“明天我开会要用的，4 份就行。”

小任考虑到这件事比较机械，便委托了另一个学生助理帮忙，午饭后再请她喝咖啡。

小任专心制作 PPT，到十一点五十的时候，就完成了初稿。

“还有 10 分钟，就提前想想明天朱老师可能会带回来什么反馈吧，然后下午再完善一下 PPT。”小任心想。

小任的思考（3）

①朱老师带回的会议内容有哪几种可能？

②这几种结果发生后，分别需要对学院现有迎新方案做怎样的调整？

③最糟糕的情况是什么？万一发生了，如何应对？现在可以提前准备吗？

小任思考完毕后，将想法记录在了笔记本上，就到了中午 12 点了。

【情景小结（3）】

这个案例中，小任的时间管理更上一层，他的工作状态是“高价值导向型”：接到任务后，没有马上执行，而是先理清任务背后的目标和价值所在，并提前预测未来的一些变化，然后做对任务最有价值的一些事。这样的工作习惯，不仅可以事半功倍，而且还能让他成为团队中重要的一员。

【训练小结】

对比第二个案例，现在的小任具备了效率和价值思维，因为他不断深入思考如何创造更多价值。下面，我们总结一下三个情景。

工作状态	特点	例子
随波逐流型	低价值，低效率	总被打断的小任
高效率导向型	低价值，高效率	顺利完工的小任
高价值导向型	高价值，高效率	遇事先思的小任

由这三个情景可以看出，提高单位时间内创造的价值就是要追求双高：高价值 × 高效率。而这个平衡是需要在行动中达成的。正如爱因斯坦所说：“生活就像骑单车，想保持平衡则必须努力前进。”其实时间管理就是这样，在价值和效率之间寻找平衡。

单元二　时间管理与执行力训练

【基础知识】

一、GTD 时间管理理论与番茄工作法理论

（一）GTD 及其基本方法

GTD 是 Getting Things Done（完成每一件事）的缩写，来自戴维·艾

伦的一本畅销书 *Getting Things Done*，国内的中文翻译本为《尽管去做：无压工作的艺术》。

GTD 的具体做法可以分成收集、整理、组织、回顾与执行五个步骤。

1. 收集

收集就是把我们要做的任务、项目及我们的想法记录到一个可以随身携带的小本子或者可以看到的地方。为什么要这么做呢，因为虽然人的大脑很强大，能存储记忆很多东西，但收集可以把大脑释放出来，做更多的事情。在纸上记录或者在其他设备记录工作时，可以利用四象限分析法，根据工作的重要性和事情的紧急程度，优先排序。

2. 整理

事情收集好后，接下来就需要整理了。在整理每一项清单时，你要确定下一步行动是什么，要把需要处理的事情转化为独立清晰的任务，一旦确定了下一步的行动，就需要考虑以下事情：如果这件事情两分钟内可以完成，那就立即去做；对于有些事情，别人也可以做得很好，或者自己不是最佳人选，那就委派其他人来做；对于一项复杂的事情，就把它放在任务清单中，并安排具体的执行时间和完成时间；对于无法转为行动的事情，按照垃圾信息、待酝酿、参考资料的原则进行分类。对于垃圾信息，果断扔掉；对于待酝酿事情，列入未来任务清单。

3. 组织

组织是 GTD 中的最核心步骤。组织主要分为对参考资料的组织和对下一步行动的组织。对参考资料的组织主要就是一个文档管理系统，而对下一步行动的组织则一般分为下一步行动清单、等待清单和未来 / 某天清单。

下一步行动清单主要是记录具体的下一步工作，如果一个项目涉及多步骤工作，就需要将其细化成具体的工作。GTD 对下一步行动清单的处理与一般的 to do list 最大的不同在于，它做了进一步的细化，如按照地点（办公室、电脑旁、电话旁、家里、超市等）分别记录只有在这些地方才能执行的行动，当你到达这些地点后能一目了然地知道应该做哪些工作。等待清单主要是记录那些可以委派他人去做的工作，如需要别人整理资料、做产品 PPT 等。等待清单会影响你下一步的行动，因此要做好记录和跟踪。未来 / 某天清单用来记录延迟处理且没有具体完成日期的未来计划、电子邮件等。

4. 回顾

回顾是 GTD 中的一个重要步骤，一般每周都需要进行回顾和检查。通过回顾、检查你的所有清单并进行更新，确保 GTD 系统的运作，而且在回顾的同时还需要进行下一周的计划工作。如果你建立了清单却没有及时回顾和更新，那清单就成了摆设，只有定期回复，才能让清单转化为行动。那么，多长时间回顾一次清单呢？每天一次轻型回顾，每周进行一次重型回顾。每天的回顾包括确定哪些是必须参加的活动，同时看一下下一步行动清单，确定日程之外还可以完成哪些任务。每周的回顾就是更新和完善自己清单的过程。

5. 执行

执行就是按照清单开始行动。在执行过程中要根据环境、时间、精力情况及重要性来选择执行清单和清单上的事项。执行就是按照计划，完成具体任务的过程。执行过程中要保持专注力，集中精力做好一件事情，还可以利用四象限分析法和番茄工作法提高做事效率。GTD 时间管理就像时间管理机器，利用 GTD 时间计划管理工作，工作效率会有飞速提高。

（二）番茄工作法

番茄工作法是简单易行的时间管理方法，是由弗朗西斯科 · 西里洛于 1992 年创立的一种相对于 GTD 更微观的时间管理方法。

1. 番茄工作法细则

①每天规划当天要完成的任务，将任务逐项写在列表里。

②设定你的番茄钟（定时器、软件、闹钟等），时间是 25 分钟。

③开始完成第一项任务，直到番茄钟响铃或提醒（25 分钟到）。

④停止工作，并在列表里该项任务后画个“×”。

⑤休息 3 ～ 5 分钟。

⑥开始下一个番茄钟，继续该任务。一直循环下去，直到该任务完成，并在列表里将该任务划掉。

⑦每四个番茄钟后停止工作，进行一次较长时间的休息，15 ～ 30 分钟。

2. 番茄工作法的基本原则

①一个番茄时间不可分割；

②耗时超过 3 小时的任务需要再切分；

③一个番茄时间内如果做与任务无关的事情，则该番茄时间作废；

④不要在非工作时间内使用“番茄工作法”；

⑤不要拿自己的番茄数据与他人的番茄数据进行比较；

⑥番茄的数量不会决定任务最终的成败；

⑦必须有一份适合自己的作息时间表。

3. 番茄工作法的经验技巧

根据个人情况，合理设置自己一个工作日内的番茄时间段，尽量将重要的工作放在头脑高效的时段，如上午 8：30 ～ 11：00，下午 15：00 ～ 17：00。不一定所有工作都纳入番茄时间段，找到适合自己的工作节奏。

在某个番茄时间段中，如果突然想起要做什么事情，但不需要立刻做的事情，在列表里该项任务后面标记一个逗号（表示打扰），并将这件事记在另一个“计划外事件”列表中，然后继续完成这个番茄钟。如果是必须立刻做的事情，停止这个番茄钟并宣告它作废，去完成这件事情，之后再重新开始一个番茄钟。

电话、邮件等都可能打断你的工作。如有必要，可在番茄时间段中预留一些处理打断事情的时间，如预留 5 分钟。当然，我们应该尽量避免这种打扰，如在允许的范围内适当将通信工具接收时间间隔延长，不启动即时通信工具，或设置即时通信工具的状态为外出或极其繁忙状态等。

4. 番茄工作法的精髓

①一次只做一件事，保持专注；

②按照轻重缓急程度分解目标任务，高效完成；

③做完一件划掉一件，增加成就感，避免半途而废；

④整理杂乱无序的工作事项，克服拖延症；

⑤持续性改善时间管理能力，让优秀成为一种习惯。

二、时间管理的十一条金律

金律一：和价值观吻合

你一定要确立自己的价值观。如果你的价值观不明确，你就很难知道对你来说什么最重要。你的价值观不明确，时间分配一定不好。时间管理的重点不在于管理时间，而在于如何分配时间。我们可能没有时间做所有的事，但永远有时间做最重要的事。

金律二：设立明确目标

时间管理的目的是让你在最短时间内实现更多你想要实现的目标。把你的目标写出来，在其中找到核心目标，并按照重要性依次排列所有目标，然后依照你的目标设定详细计划，按计划执行。

金律三：改变时间态度

美国心理学之父威廉·詹姆士通过对时间行为学研究发现了两种对待时间的态度：“这件工作必须完成，但它实在讨厌，所以我能拖便尽量拖”和“这不是件令人愉快的工作，但它必须完成，所以我得马上动手，好让自己能早些摆脱它”。当你有了动机，迅速踏出第一步是很重要的。不要想立刻推翻自己的整个习惯，只需强迫自己现在就去做你所拖延的某件事。然后，从明天开始，每天都从你的清单中选出最不想做的事情先做。

金律四：做最重要的事

生活中肯定会有一些突发和迫不及待要解决的事情，如果你发现自己天天都在处理这些事情，那表示你的时间管理并不理想。成功者花最多时间做最重要的事而不是最紧急的事，然而一般人都是做紧急但不重要的事。

金律五：安排空白时间

每天至少安排半小时至一小时不被干扰的空白时间。假如你有一个小时完全不受任何人干扰的时间，将自己关在独自的空间里思考或者工作，这一个小时可能抵过你一天的工作效率，甚至有时候这一小时比三天工作的效率还要高。

金律六：严格规定期限

帕金森在其所著的《帕金森法则》中，写下这段话："你有多少时间完成工作，工作就会自动变成需要那么多时间。"如果你有一整天的时间可以做某项工作，你就会花一天的时间去做它。而如果你只有一小时的时间可以做这项工作，你就会更迅速有效地在一小时内做完它。

金律七：做好时间日志

你花了多少时间在做哪些事情，把它详细记录下来，包括早上出门花了多少时间，搭车花了多少时间，出去拜访客户花了多少时间……把每天花的时间一一记录下来，你会清晰地发现浪费了哪些时间。当你找到浪费时间的根源，你才有办法改变。

金律八：时间大于金钱

用你的金钱换取别人的成功经验，抓住一切机会向顶尖人士学习。仔细选择你接触的对象，因为这会节省你很多时间。假设你与一个成功者在一起，他花了 40 年时间成功，你跟 10 个这样的人交往，是不是就学到了 400 年的经验？

金律九：学列任务清单

不要轻信自己可以用脑子把每件事情都记住，把自己要做的每一件事都写下来，这样不仅能明确自己手头上的任务，而且会有一种紧迫感。

金律十：同类事情一次做完

假如你在做作业，这段时间都用来做作业；假如你在思考，用一段时间只做思考；假如你要打电话，把积累的电话在某一时间一次打完。当你重复做一件事情时，你会熟能生巧，效率自然会提高。

金律十一：做最有效率的事情

思考要做好一份工作，到底哪几件事情对你来说是最有效率的，列出来，分配时间把它做好。

三、大学生执行力训练

（一）明确特征，分清时间

大学生管理碎片时间，首先需要厘清碎片时间的概念，认识到碎片时间的特点，根据碎片时间的特点及不同类别碎片时间的种类和特征进行管理。一是将碎片时间和大块时间相区别。大块时间一般而言较长，环境较为稳定，适合人们做深入思考和连续性、复杂性的活动。碎片时间不是大块时间，其随意性、零碎性的特点并不适合连续性深入的学习和工作。二是将碎片时间和娱乐时间区别开来。碎片时间也不是娱乐时间，碎片时间内活动内容可以多样，以娱乐为主是缺乏自制力的体现。三是改变漠视碎片时间的观念。碎片时间不是无所谓的时间，盲目忽视碎片时间是对时间资源的浪费。大学生管理碎片时间要依据科学的时间管理知识，科学合理地进行碎片时间的管理，杜绝盲目上进型、娱乐消遣型和放任忽视型的碎片时间使用模式。

1. 合理计划时间，学会预算时间

借鉴秋叶在《时间管理 7 堂课》中提到的“碎片时间管理方法”，合理计划安排碎片时间需要，根据碎片时间内容、碎片时间时长和碎片时间场景进行预算，对难以预测的碎片时间弹性对待，计划完成后注意加强碎片时间管理的执行力。

时间预算是社会学中的概念，是指个体（或群体）依据自身拥有的时间数量在不同活动中的分配使用。时间预算的内容包括以下层面：一是何人从事何种活动，即活动内容；二是何种活动何时开始，即活动时间；三是如何排列何事的位置，即活动顺序；四是何事需要多长时间，即活动需要时长；五是在何地开展何事，即活动场所。碎片时间预算就是个体依据自身拥有的碎片时间的数量及自身的需求和学习、生活情况的不同，将活动内容进行分配使用的活动。大学生想要做好碎片时间的管理就需要学会碎片时间预算。

2. 碎片时间的管理方法和流程

首先，大学生需要对自身的碎片时间数量进行合理评估。可以使用时间日志法制作表格，按照时间顺序记录下活动内容。一周后进行评估，确定自己碎片时间的数量，并按照时间长度、不同行为类别、时间类别等进行分类。其次，对自己在碎片时间内能完成的活动进行总结，并列出清单，详细分析每种活动能够匹配的时间和所需要的环境要求。最后，将活动内容与碎片时间具体种类按照场所和顺序相匹配。匹配原则如下。

一是两个重要事情之间的短空当适合休息。

二是不重要事情与重要事情之间的短空当，适合把下一项事情在脑中过一遍。

三是不重要事情与重要事情之间的长空当适合听广播、学习。

四是两个不重要事情之间的空当适合学习。

五是重要事情与不重要事情之间的长空当适合学习。

六是重要事情与不重要事情之间的短空当适合休息或学习。

七是两个重要事情之间的长空当适合休息。

此外，依据不同类别的碎片时间的特点安排碎片时间的内容。短时间的碎片时间可以安排休息和与人交谈等内容；长时间的碎片时间，如果外部环境较为稳定，可以看书报、浏览新闻、运动、按摩等，如果环境不太稳定，可以安排娱乐、与人交谈、休息等内容。出行类的碎片时间可以阅读书报资料；生活类的碎片时间可以听广播、看微课或演讲视频、浏览新闻等；学习类的碎片时间可以安排与同学讨论、休息、娱乐等内容。

（二）引导学生有所侧重

1. 在工作上，时间管理的关键词是“高效率”

如果你每天花费大量时间用于处理零碎事情，那你的工作就不可能获得真正意义上的高效。为了让自己的工作能够出成果，时间管理的策略就是摒弃杂事，聚焦要事，并且做到“高能要事”，也就是每天在自己最高精力的时候做最重要的事情，减少工作时长，提升做事质量和单位时间的生产力。专注工作和深度工作是我们实现高效率工作的重要路径。

2. 在生活上，时间管理的关键词是“慢生活”

在生活上，我们主张“慢下来”，要留有时间和空白感悟时光流淌的动静，要培养自己情趣。生活上的“慢”，是确保工作时能够精力饱满。只有能够慢下来给自己充满电量，你才能有充足的储备应对高压情况。有时候我们会觉得虽然在休假，但自己似乎并没有得到休息，反而更累了，这是为什么呢？这是由不科学、不恰当的休息方式导致的。这里说的“慢下来”不是让同学们在休息的时候睡懒觉、吃零食、刷手机……这样的休息方式不仅不能完成充电，还会消耗电池的使用寿命，长此以往健康就会亮起红灯。所以，给自己设计一个科学的充电模式很重要，建议大家通过养成好习惯来管控自己的生活。

3. 在人生的维度上，时间管理的关键词是“战略性专注”

每件事对我们人生的意义和价值不一样，这就需要我们有区别地对待每一件事。我们必须学会为自己的人生作选择，把自己的时间、精力，以及社会资源聚焦在对自己人生最有价值的事情上。放眼整个人生，我们并不需要把太多的时间都放在工作上，卓越而不失衡是我们应该追求的人生状态。卓越就是要聚焦，专注自己的第一人生目标；不失衡就是关注自己的生活，兼顾其他快乐的来源，由此获得一个值得拥有的幸福人生。

（三）运用新媒体技术及工具引导学生管理时间

1. 明确目标

明确目标是大学生实现时间管理的第一步。大学生可以自己决定自己的目标，也可以请求班主任或辅导员的专业指导，直到彻底弄清楚大学期间应该做什么，应该按照什么顺序去做。大学生可以借助新媒体工具，如手机里的清单类 App 等，将目标记录下来。把每天收集到的信息存放在手机清单里，弄清楚每天要做什么及空闲时间能做什么，快速行动，从而节省大量时间。

2. 为目标设定完成的最后期限

在完成学习或工作任务的时间内，大学生可以利用新媒体工具记录事情的完成进度。为实现目标，大学生需要把所有能想到的以及要完成的事项都列在电子清单上，然后进一步梳理整个电子清单，使之成为一份计划，根据计划的困难度和可行性为目标设定最后期限。同时，在截止日期自查任务是否与进度表匹配，以此向前推进主要目标的实现。

3. 制定全年或阶段计划

明确目标后同学们就可以按照目标制订全年或阶段性的计划。一般计划分为三大类：大事件计划、挑战计划和习惯计划。大事件计划包括考上研究生、取得执业资格证书等；挑战计划包括参加校内外组织的各项赛事、独立策划一个大型活动等；习惯计划包括每周看完一本专业书、规律的作息时间等。计划的设立有几个原则需要注意：一是可实施性，即在设立时就应该想到执行方案；二是宽容性，即不要把计划设置得太满、太严苛。

4. 养成分解任务的习惯

大学生可以利用新媒体工具对学习或工作任务进行解构，化繁为简，化大为小，一方面每个阶段性任务完成后，身体会收到来自大脑的积极反馈，即获得成就感，思考会越来越灵活，精力也会越来越充沛；另一方面，分解任务避免了长时间的学习和工作，减少了负面情绪的产生，同时减少了错误的决定和判断，让学习和工作变得更加高效准确。

5. 养成及时奖励自己的习惯

大学生们可以利用新媒体工具的娱乐功能使自己在繁忙的学习中放松。例如，与“番茄工作法”原理相关联的应用软件要求大学生在专注学习 25 ～ 30 分钟后，给自己 5 分钟的休息时间，可以看一些微视频或几篇公众号文章，调节一下思路与情绪。大学生可以利用新媒体工具中的提醒功能设置“距离某个任务还剩 × 天”，督促自己努力实现目标。

6. 善于寻找志同道合的人

新媒体工具有一个强大的功能就是大学生可以在较短时间内找到与自己志同道合的伙伴，无论这个伙伴处于世界的哪个角落，都能通过新媒体工具瞬间与之产生联系。例如，同选一门微课、同使用一个 App 或同时关注一个微信公众号的大学生，可以建立线上小组一起学习，每天打卡，互相监督，分享各自的笔记，甚至可以在考试前把需要复习的各个章节分配到每个人身上，然后各人将各自负责的章节总结并分享给其他学生。

7. 整洁的空间和健康的身体是时间管理的前提

大学宿舍里随意堆放的杂物、书籍、布满灰尘的角落，无时无刻影响着大学生的注意力。如果能保证学习和生活环境的整洁与温馨，大学生自然会以一种平和的心态面对学习任务，从而减少被干扰的时间。一个大学生如果身体出现了问题，就很难在学习和课外活动中做出成绩。大学生需要尽可能地保持最佳的身体状态，放弃熬夜学习或者无禁忌地吃喝，尤其是在其他同学这么做的时候更需要自我控制。大学生们可以利用新媒体工具中的一些健康类 App 达到如上效果。

8. 养成清空大脑的习惯

大学生要养成随时清空大脑的习惯，即第一时间将待办的任务或与别人的约定放到新媒体工具的日历或清单中记录下来，这样做的好处是在大脑清空的状态下，能更专注于更重要的事情。

四、时间管理训练方法及工具

美国管理学者彼得•德鲁克认为，有效的时间管理主要是记录自己的时间，以认清自己的时间消耗在什么地方；管理自己的时间，设法减少非生产性工作的时间；集中自己的时间，由零星而集中，成为连续性的时间段。根据前文关于 GTD 时间管理理论中五个环节的介绍，下面将继续介绍符合当下社会发展和大学生实际的时间决策力训练方法和工具。

1. 收集

这一过程所要达到的目的，一是个人时间利用的可视化呈现与分析，清晰了解每日自己的高效时间段和时间黑洞；二是了解分析每日时间利用效率，从而为后续的回顾环节提供最原始的数据支撑。在收集与记录过程中，学生可以借助一些优质的时间管理记录及提醒软件，例如“美容闹钟”“奇妙清单”“幕布”“印象笔记”“有道云笔记”“石墨文档”等。此外，还有按照 GTD 理论进行设计的“OmniFocus”软件。

2. 整理与组织

（1）时间管理四象限法

著名管理学家科维提出了一个时间管理理论，即把工作按照重要和紧急两个不同程度进行划分，可分为四个“象限”：既紧急又重要（如人事危机、客户投诉、即将到期的任务等）、重要但不紧急（如建立人际关系、人员培训、制定防范措施等）、紧急但不重要（如电话铃声、行政检查、主管部门会议等）、既不紧急也不重要（如客套的闲谈、无聊的信件、个人爱好等）（图 4-1）。

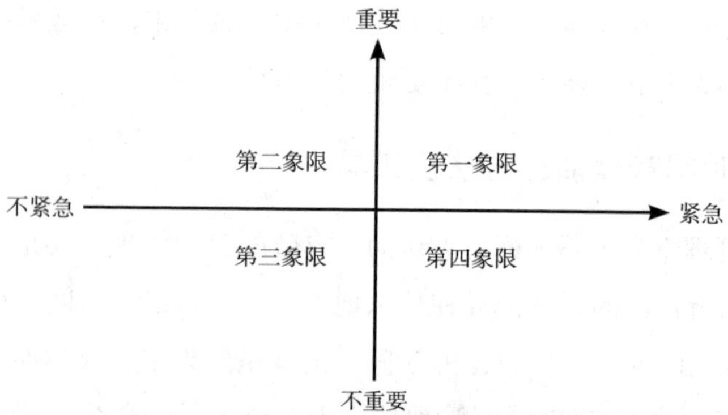

图 4-1　时间管理四象限

如何区别重要与不重要的事情呢？①会影响群体利益的事情为重要的事情；②上级关注的事情为重要的事情；③会影响绩效考核的事情为重要的事情；④对组织和个人而言价值重大的事情为重要事情。

我们应该如何做？①对重要且紧急的事情立即就做；②对不重要且不紧急的事情不做；③对重要但不紧急的事情平时多做；④对紧急但不重要的事情选择做。

（2）时间计划管理法

时间管理的重点是待办单、年计划、月计划、周计划、日计划。待办单：将你每日要做的工作事先列出一份清单，排出优先次序，确认完成时间，以突出工作重点，同时应尽可能做到今日事今日毕。待办单主要包含非日常工作、特殊事项、行动计划中的工作、昨日未完成的事项等。待办单的使用应注意：每天在固定时间制定待办单；只制定一张待办单；完成一项工作划掉一项；待办单要为应付紧急情况留出时间；每天坚持。年计划、月计划、周计划、日计划也如此：每年年末做出下一年度工作规划；每季季末做出下季末工作规划；每月月末做出下月工作计划；每周周末做出下周工作计划。

在时间管理过程中，有时会出现意外不确定性事件，因为计划没有变化快，因此我们要为意外事件留出时间。预防不确定性事件的方法有：一是为每件计划都留出多余的预备时间；二是努力使自己在不留余地又饱受干扰的情况下完成预计工作；三是准备一套应变计划。

在工作中要想很好地完成工作就必须善于利用自己的时间。工作是无限的，而时间是有限的。时间是最宝贵的财富。没有时间，计划再好，目标再高，能力再强，也是空的。时间是宝贵的，但它又是具有伸缩性的，时间就是潜在的资本。大学生要充分合理地利用时间，压缩时间的流程，使时间价值最大化。

【训练活动】

一、进行大学生时间管理和执行力水平训练的团体辅导案例参考

案例：

团体心理辅导干预方案（表4-1）

表4-1　团体心理辅导干预方案

活动主题	活动目标	活动内容
我们是一家	1.了解团体的目标和规则；2.激发学生参与活动的积极性；3.加深同伴间的了解，增进团队的安全感	1.分组；2.热身游戏：大风吹；3.介绍自己并建立小组；4.制作小组卡片；5.填写问卷与小结
我珍惜我所拥有的	1.让成员在快乐积极的气氛中了解自己的时间价值观，更清楚地认识自己；2.树立正确时间价值观	1.热身活动：扮时钟；2.计算时间（3万天为例）；3.问题讨论：濒临死亡时，你会做什么？；4.了解时间的特性；5.小结
我的时间我做主	1.提高时间价值观，明白科学管理时间的意义；2.明确自己应该把时间用在哪些方面；3.学会合理规划时间的方法	1.热身活动：感受1分钟；2.讨论1分钟的价值；3.与成员讨论自己的时间表；4.学习时间管理目标的设定原则（具体的，可衡量的、可达到的、与其他目标相关的、有截止期限的），并制定自己的目标；5.小结

续表

活动主题	活动目标	活动内容
为自己加油	1. 分清事情的轻重缓急，合理安排时间；2. 学会排除外界干扰；3. 坚持并完善自己的时间管理目标	1. 热身游戏：撕纸条；2. 成员讨论：时间都用来做什么了；3. 小组讨论：如何克服干扰；4，小结
坚持到底就是胜利	1. 持续克服惰性；2. 进一步改进自己的时间管理策略	1. 热身游戏：心有千千结；2. 学习时间管理的策略（“40/30/30”法则：40% 是被动的事情，30% 是主动的事情，30% 是突破的事情）；3. 计算做事成本；4. 小组讨论：如何改善薄弱之处；5. 小结
主宰未来	1. 学习如何进行未来职业规划；2. 通过改善自己的时间管理方法，为自己的未来做出职业规划	1. 热身游戏：松鼠与大树；2. 学习职业规划的方法；3. 制定自己的未来职业规划；4. 小结
我的明天会更好	1. 团体心理辅导总结；2. 做好团体心理辅导的结束活动	1. 填写问卷；2. 小组讨论：自己的感受与收获；3. 重申保密原则；4. 游戏：小鸡变凤凰；5. 未来展望

研究结果表明，时间管理辅导组的大学生觉得辅导活动对自己有很大帮助的可能性是 93%，统计分析结果也表明辅导活动在时间管理及各维度上均取得了显著改善效果。

二、大学生时间管理和决策能力训练团体辅导案例

亲爱的同学们，大家好！今天我们通过一张 A4 纸（见表 4-2）来了解，究竟我们有多少时间可以用来创造人生的价值，还剩多少年，或者平均百分比是多少，每天平均多长时间。

表 4-2 撕纸游戏 1

<table>
<tr><td rowspan="10">算算我们究竟还有多少时间可以创造人生价值？</td><td rowspan="4">年龄 40</td><td>1</td><td>2</td><td>3</td><td>4</td><td>5</td><td>6</td><td>7</td><td>8</td><td>9</td><td>10</td></tr>
<tr><td>11</td><td>12</td><td>13</td><td>14</td><td>15</td><td>16</td><td>17</td><td>18</td><td>19</td><td>20</td></tr>
<tr><td>21</td><td>22</td><td>23</td><td>24</td><td>25</td><td>26</td><td>27</td><td>28</td><td>29</td><td>30</td></tr>
<tr><td>31</td><td>32</td><td>33</td><td>34</td><td>35</td><td>36</td><td>37</td><td>38</td><td>39</td><td>40</td></tr>
<tr><td rowspan="4">堵车 3 年；刷微信 5 年；吃饭睡觉 15 年；坏习惯 10 年</td><td>41</td><td>42</td><td>43</td><td>44</td><td>45</td><td>46</td><td>47</td><td>48</td><td>49</td><td>50</td></tr>
<tr><td>51</td><td>52</td><td>53</td><td>54</td><td>55</td><td>56</td><td>57</td><td>58</td><td>59</td><td>60</td></tr>
<tr><td>61</td><td>62</td><td>63</td><td>64</td><td>65</td><td>66</td><td>67</td><td>68</td><td>69</td><td>70</td></tr>
<tr><td>71</td><td>72</td><td>73</td><td>74</td><td>75</td><td>76</td><td>77</td><td>78</td><td>79</td><td>80</td></tr>
<tr><td rowspan="2">80 退休</td><td>81</td><td>82</td><td>83</td><td>84</td><td>85</td><td>86</td><td>87</td><td>88</td><td>89</td><td>90</td></tr>
<tr><td>91</td><td>92</td><td>93</td><td>94</td><td>95</td><td>96</td><td>97</td><td>98</td><td>99</td><td>100</td></tr>
</table>

首先请你找出一张纸，假设这张纸是你整个生命，你要活多少岁？假设大家活 100 岁，那这张纸就代表 100 年。今年你多大了？请你写下来，18，恭喜你太棒了；40，人生进入了夏末或者秋初了。

假设你今年 40 岁，画一条线，减掉 40%，然后把它撕下来，就剩下 60 年了对吧？你有没有想过哪一年退休呢？很多人想，40 岁就退休了，但我们也可以奋斗到 80 岁退休，好不好？那还有 40 年的时间，所以请你再减掉 20 年，那就剩下 40%，也就是 40 年。

你有没有盘点过能够影响到健康的坏习惯，比如说熬夜，晚上没好好睡觉的人要减 5 年；有没有吸烟，吸烟的话要减 5 年；有没有暴饮暴食，有的话也要减 5 年。也有些同学有很好的习惯，比如饮食健康、经常运动，根据自己的情况，给自己多加 3 ～ 7 年，那么平均下来，同学们差不多都要减 10 年，这样就剩下 30 年。到目前为止就剩下 100 岁的 30% 了。

这 30 年如果不好好利用的话，可能会更短，如果好好利用的话，30 年可能会更长。同学们算一算，你每天睡觉要花多久？很多人不仅用了 8 个小时，睡前睡后都应该多加 1 个小时，因为你一定在睡前睡后花了很多时间，晚上不肯睡，早上起不来。我们现在假设你花了 8 个小时睡觉，2 个小时睡前睡后，那就是 10 个小时。你每天吃饭花多长时间？2 个小时？这样整体下来就花了 12 个小时。也就是说你每天只有 12 个小时能用来做事。现在剩下的这张纸，你一半要用来吃饭睡觉，这是维持活着的代价。那我们再撕掉一半，然后就剩下整体的 15%，15 年。

现在请你打开你的手机，看看你的电池电量主要用在哪个 App 上。很多人每天花在微信等社交软件上以及无所事事的浏览上的时间有 4 ～ 6 个小时。我们假设花在社交软件上的时间是 4 个小时。你是不是需要每天上学、上班或者外出呢？假设我们花在路上的时间为 3 个小时。那么你每天就只剩下 7 个小时。从一生的维度，就是剩下 7 年。7 年的时间，你要用来创造价值，要休息、锻炼、陪伴家人，你觉得你的时间够吗？

你一定要好好学习时间管理，从宏观到微观，不仅要了解时间去哪里了，更重要的是学习如何调整，如何运用时间去创造价值。这就是我们做这个练习的价值。

【训练小结】

本单元中，团体辅导一侧重集体参与的相关知识及分享如何进行时间决策，团体辅导二侧重启发学生提升对时间决策力的紧迫性认知。

【训后实践】

对大学生时间管理训练融入决策能力培养的几点思考。

1. 解除大学生时间管理情感认知偏差

在情感价值观方面，打破同学们对于时间管理就是树立条条框框的刻板印象，解除同学们在内部或外部的局限性，教会同学们在不损害自己自由和个性的基础上把握时间，掌控自己的未来。

2. 时间决策的意识树立

（1）提高大学生时间管理意识

对于高校教育者来说，主题班会是提高大学生时间管理意识的重要途径。时间管理主题班会可以充分发挥班集体的力量，让每个个体在团体的氛围中受感化、受教育。注意切合同学们的学习进度，提高同学们的参与度和时间管理意识。

（2）注重大学生闲暇时间正确价值观的培养

鲁迅曾说："浪费自己的时间等于慢性自杀，浪费别人的时间等于谋财害命。"大学生应该具有正确的时间观念，对于自己的闲暇时间这一宝贵资源要学会合理利用，既不可为了考各种证书而没日没夜地沉浸在书本知识中，也不可过度放纵，把宝贵的时间都浪费在娱乐活动上。

3. 时间决策力走进大学课堂

（1）利用课堂加强大学生时间管理技能的指导

目前已在各大高校普遍开设的"大学生心理健康教育""生涯体验与就业指导"课程中，已经有大学生时间管理的专题教学。该章节一般安排在同学们完成对工作世界的探索和自我探索后，通过时间管理教学，引导学生学会时间管理，战胜拖延，缩短学生能力与工作世界要求的差距，助力同学们顺利进入职场。

（2）将闲暇时间管理技能的培养引入课堂

我国对大学生闲暇时间管理能力的培养还未走进课堂。为什么要把大学生对闲暇时间管理的技能训练引入课堂呢？首先，课堂是一个有组织有纪律同时又有统一集中管理体系与规模的组织，将闲暇时间管理技能训练列入课堂之中，可以对学生进行集中高效的训练，起到事半功倍的效果。其次，课堂中教师起主导作用，可以对学生进行相应的指导，让学生少走弯路，可以较快达到相应训练目标。最后，因为课堂的班级授课形式，同学之间可以相互交流所学到的技能，这样有助于学生扬长避短，改进自己对闲暇时间的管理技能。

第五章　大学生商务模拟与决策能力培养

【训练导言】

商务模拟的工具创新与德育价值性相辅相成。本章通过商务模拟实训和创业大赛，学习领导决策力的基本技能，实现工具创新与德育价值交融，提升大学生的领导决策力。所谓“工具创新”就是创新领导力教育工具（手段），大学生领导决策力（商务模拟）的工具创新是通过商务谈判技能的学习和实践，使学生对个人发展、商业能力和创新创业能力有一个较为立体的认识。商业谈判和领导决策力的德育价值性主要体现为引导学生从德育和哲学角度，了解商务模拟伦理与德育价值的辩证认识，审视现实商业实务的宏观和微观环境，把商务模拟的伦理理念贯彻到具体方案中，在商务模拟伦理、实践建设中体现新时代社会主义核心价值观。

【训练目标】

通过大学生领导力商务模拟的实训，力求在培养学生商务谈判的实际过程中实现德育渗透，实现大学生商务实务能力提升和德育价值实现。主要包括三部分内容：商业谈判伦理认知、商业谈判伦理主要内容和商业谈判伦理实践价值。

商业谈判伦理认知，就是通过商业谈判实训了解商业谈判所带来的能力提升，了解当代社会环境下商业谈判的趋势及参与这些伦理问题的一般途径和应该遵循的道德原则，即创业者的社会责任和实现路径。通过商业谈判案例分析和实训，培养学生的商业谈判思维，提高学生制订创业计划书和商业策划的能力，同时培养学生在创业过程中作出正确价值判断和行为选择的能力。

商业谈判伦理主要内容是培养学生运用创新思维参与学生竞赛，在比赛中提高学生的商业谈判技巧，探寻创业过程中所需解决的问题，学会制订创业计划书和商业策划，寻求在商业谈判培养过程中具有的可复制性的指导原则，引导学生关注和研究商业谈判伦理，提高学生的商业能力。

商业谈判伦理实践价值在于它能够使学生在具有专业技术能力知识的同时，养成专业技术能力伦理思考的习惯。通过创业计划书和商业策划制定案例分析和实训，培养学生从全面的视角理解创业计划中的能力和道德要求，提高学生辩证思维能力和参与商业谈判活动的整体水平。

【训练案例】

真的有在创业大赛中成长起来的领导人吗？

关超文，北京中云智车科技有限公司CEO。北京理工大学硕士，曾获北京市优秀学生干部、北京市优秀毕业生等荣誉。曾作为北京理工大学无人赛车队第一届队长，带队研发世界首台无人驾驶大学生方程式赛车，首次实现了场地赛车的完全无人驾驶，并作为规则的主要制定者，创办了“中国大学生无人驾驶方程式汽车大赛”。曾就职于北京奔驰汽车有限公司，历任总经理助理、研发中心高级项目经理，在整车量产、供应链管理、质量管理及工艺管理方面具有丰富项目经验。曾牵头负责北京奔驰某C级车中汽改款项目量产、全新GLC级加长轴距车型项目工艺管理、全新A级车加长轴距车型项目质量管理及产品放行工作等，熟悉乘用车量产工艺、供应链及质量管理等方面工作。

2018年9月7日，中云智车项目在第四届中国“互联网+”大学生创新创业大赛（北京赛区）中夺得冠军，“中云智车——专业的特定场景无人车辆整车解决方案提供商”项目从4055个参赛项目中脱颖而出。

中云智车作为本次大赛初创组“互联网+制造业”的新星，从北理工特种无人车辆创新基地、方程式赛车队孵化而来，是国内首个车规级特定场景无人车整车研发者，拥有车规级无人车全栈研发能力。

据中云智车CEO关超文介绍，公司自2018年2月成立以来，先后推出了旗舰产品——系列化、线控化、模块化、通用化的车规级无人车底盘，以及基于通用底盘产品搭载自主研发的感知决策与路径规划系统，成功开发的厂区无人运货车——“中云智·承”，军用超级无人车——“中云智·战”。目前，中云智车已经形成了“模块化车规级无人车通用底盘+订制化功能上装及算法”的无人车整车研发与生产新模式。同年8月，中云智车最新产品——200kW全线控超级无人车“中云智·战”在世界机器人大会上一展风采，关超文表示，这是中云智车推动特定场景无人车辆面向无人作战、运输、侦查、巡逻等军用复杂场景布局的一次积极尝试。

据悉，中云智车已交付及签订订单10余台，并完成了小批量试制。系列产品的关键技术凝练成了发明专利、实用新型和外观专利等20余项已受理成果。关超文表示，团队还获得了国内多个省份的高新区、大型工业园区扶持与示范运营支持，已与10余家大型物流电商、工业园区、高等院校达成合作协议。

特定场景无人驾驶车辆，包括无人驾驶物流车辆、快递车辆、清扫车辆、园区运货车辆、景区观光和摆渡车辆等，被公认为目前无人驾驶技术最具有商业落地前景的应用场景。

中云智车是特定场景无人车整车解决方案提供商，更是未来商用无人车的定义者，致力于成为未来商用无人车定义者，将打造“模块化通用底盘+订制化功能上装”的未来商用无人车研发与生产模式。

中云智车在基础旗舰产品的基础上，率先研发成功的小型通用底盘，可依据不同客户的功能和造型需求，搭载不同的上装功能模块。例如，物流、运输、清扫、巡逻等设备模块，成为适用于特定场景下各种功能的商用无人车。

中云智车曾是赛车研发团队，团队核心成员多年从事赛车、电动赛车、无人驾驶汽车等赛用级车辆的整车研发工作，成员包括 Formula E 中国国家赛车队中唯一的中国籍工程师、WTCC 世界房车锦标赛雪佛兰车队电控系统工程师等人才。他们在纯电动、无人驾驶整车级研发与测试中积累了丰富的经验与行业资源。公司未来将长期专注于推动特定场景无人驾驶车辆的研发与行业应用。

思考题：

创新创业大赛对于商务模拟的重要作用是什么？

单元一　商务模拟

【基础知识】

一、商业谈判

商务模拟能力是指作为领导人能够基于管理信息、善良和诚实作出合理决议的能力商务模拟能力是培养学生领导力的关键，商业谈判是学生是否具有商务模拟能力的重要体现。

经过近 20 年的发展，中国商业谈判教育已经由少数高校的试点性探索逐渐推广到多数高校参与的普及型教育活动。商务模拟之所以受到学生的热烈欢迎，是因为它能够体现学生的综合素质，更贴近实际，也更具有挑战性。因此，许多高校将这一活动作为学校的第二课堂。商务模拟能充分发挥大学生的决策力、判断力、创造力及灵活应用知识的能力，锻炼学生的交往技能和团队合作技能，培养学生的市场取向和青年学生的商业谈判精神。商务模拟计划书和商务谈判策略训练是决策领导力训练的重要方式，大学生将通过以文字形式呈现自己的商业策划，展现自己的整体商务能力和决策力。

二、商业策划的价值

美国俄亥俄大学创业中心主任罗伯特·F. 谢勒认为："商业计划必须受到重视。创业之路如同航行在大海之上，漫无边际，深不可测，所以必须认真调查，花费时间，制订合理的商业计划。"创业计划书作为全方位描述与创建新企业有关的内外部环境条件和要素的书面文件，涵盖了新企业在创建中所涉及的生产与运营、产品研发、市场营销、管理、财务、风险等。对于创业者而言，资源就像画家手中的颜料和画笔，只有当他们有了创作灵感的时候，才会在画布上挥毫泼墨。创业者心中的画布就是创业计划书。画布本身是空而无物的，关键是要通过创业计划书和商业策划的描述，看能否及怎样将创业思路、创业团队和资源变成创业者的作品——呈现一个新企业的清晰面貌：企业是什么、发展方向在哪里、新企业拟实现的预期目标是什么。可见，创业计划书不仅能帮助创业者成功创建企业，还能帮助创业者管理新企业。

撰写计划书可以迫使创业者系统地思考新创企业的各个因素，当创业者决定把一个商机转变成一个完整的商业计划时，就必须思考、推理并付诸行动。因此，做出一份完整的创业计划书就显得特别重要。撰写创业计划书是一项集辛苦、创造性和重复性为一体的工作，新的见识、新的灵感常会在写作过程中"灵光一现"，起初前景尚不明朗的商机可能会在此时显示出较大的发展潜力，同时在撰写过程中还能够促使创业团队仔细思考企业的各个方面，使一些重要目标和事项达成一致。

就大学生创业而言，由于存在经验、资源等缺乏的客观情况，商业策划的制定对大学生而言显得尤为重要。因此，深入分析商业项目、梳理商业思路、指导商业行为、帮助大学生提升领导决策能力等具有重大的实践意义。商业策划作为一份全方位的项目设计，是对即将展开的商务项目进行可行性分析，向商务团队成员、风险投资商、银行等宣传拟建的企业及经营方式，在一定程度上也是拟建企业对外进行宣传和包装的文件。一份完美的商业策划不但会增加创业者自己的信心，也会增加合作伙伴、风险投资家及公司员工对新创企业的信心。

【训练活动】

（一）活动目的

了解创业计划书和商业策划中所蕴含的德育价值。

（二）活动步骤

以 4 ～ 6 人为一组，围绕创业案例进行讨论。

（三）活动案例

廊坊润家家庭节水有限（责任）公司创业项目

2016 年廊坊市第二届青年创新创业大赛创新组一等奖获得者为廊坊润家家庭节水有限（责任）公司，该创业项目虽然没有实际成立公司，但凭借创新性得到评委一致认同。

随着我国建设两型社会步伐的加快和居民节水意识的日益增长，普通的大规模、集中式的污水处理已经较难适应居民日常生活用水习惯。目前市场上的卫浴洁具在家庭中使用时，或多或少会造成水资源的浪费，如淋浴刚开始的冷水、抽水马桶所用的上水等。这种日常生活中的小问题实实在在导致了水资源的极大浪费。而目前市场上出现的节能环保设备制造公司也大都围绕农业灌溉进行深入研究和开发，却鲜有对家庭日常污水的节约和二次利用进行研究。而现在出现的家庭污水处理再利用装置也大都存在较大的问题，不适合大规模推广。

廊坊润家家庭节水有限（责任）公司，是一家致力于研究家庭日常污水回收再利用装置的公司。基于我国当下用水形势严峻，水资源污染浪费严重的现象，跟随国家建设资源节约型、社会友好型社会的目标，公司以家庭节水为依托，着力解决居民生活源头节水问题及家庭节水的普及。

在水资源的利用中，家庭用水在水资源消耗中占有很大比例，而经过调查，家庭日常洗漱和清洁用水存在着较大浪费，若以此为源头进行污水的二次回收、处理、再利用，实现节约用水，将会创造巨大的环境效益和经济效益。

该公司现有产品是一种与家庭卫生间用水系统相结合的家庭污水处理再利用系统，该产品实现了污水收集、处理、再利用的全过程自动化，极大地方便了用户的使用，推广后必将实现巨大的社会及经济效益。同时，创业团队还在继续研究家庭其他环节的水节约方案，目前主要有厨房洗涤用水、燃气热水器中的冷水、洗澡用水的回收利用，并逐渐开发为成套的节水产品和节水系统，在未来向市场推广。

经过创业团队的调查研究，市场现有的家庭节水产品大都存在诸如净化装置大、回收利用不连续、安装需改变房屋结构、用户操作不方便等问题。该公司吸取以往经验教训，对产品进行改造，做到了产品最大限度安装便捷、家庭使用人性化，这在未来市场竞争中占有很大优势。未来，将实现产品的生产与销售一体化，安装与售后服务一体化，既为用户节约了支出，又实现了环境的保护，让践行绿色生活伴随每一个家庭，最终实现经济效益与环境效益双赢。

（四）案例分析

该项目立足于专业知识，从实际出发，发明一种家庭污水处理系统。从团队成员组成来看，创业团队成员来源于机械、电子、工商、会计等专业，充分发挥了高校专业多样化的优势。从创业计划书和商业策划来看，团队各个成员发挥专业优势，将大量市场调研加入创业计划中，同时做出合理的成本预算与预期收入预算，是一份完善的创业计划书和商业策划。从成果来看，此团队抓住各个机会，既申请相关专利，又积极参与各项比赛，取得丰盛成果，让团队成员体会了创业过程的初步幸福和欢乐。此项目创业计划书和商业策划较为完整，清晰地展现了创业团队的核心业务与发展前景。

但是，此团队商业项目只限于商业计划，并没有付诸行动，没有很好地将产品推向市场。对于团队成员和高校来说，都是一次机会的丢失。如果在高校或社会资源的帮助下，将此团队成果推向市场，将会收获不错的成果。

（五）商业计划书中的德育

一位团队成员的心声

时光荏苒，一年多的商业训练项目如期结束了。这一年来走过的每一步，参与活动过程中的点点滴滴，都令人感慨万千。当初茫然又懵懂的结伴组队，一起听动员讲座时的兴奋激动，探讨问题时的商议和分歧，一次次团队讨论时大家的思考和完善，走过的每一步都是那么难忘，每一步都清晰地留在脑海。

这次比赛的成绩好坏、成功与否都已尘埃落定。总结整个过程，我们还有很多需要学习和提高的地方，很多细节问题当时没有注意到，团队还有很大的的完善空间。虽然这次失败的遗憾已无法弥补，但从中我们经历了很多，学习了很多也成长了很多。

这段经历让我们充分认识到一个项目能够完成靠的是每一个成员的努力和对每一个细节的严谨。商务实训要考虑到商业过程中运用到的各种知识和相关的各类人才，而不是要求所有队员掌握相同知识、拥有同种能力。因此，在组建团队时要充分考虑各成员的资源互补、优势组合。在团队成员的构成上，除了要有具备一定数量的项目专业人员，还需要精通财务知识专业人才、拥有管理才能的人才、公司将来跨国际发展所需的外语人才、办公自动化必备的计算机人才等。

这次的商业训练项目对我们来说是一次锻炼，通过这次项目，我们从中学到了很多在日常学习中很难学到的“知识”，感受到实践带来的快乐和充实，对待事情更加严谨。在这个全新的领域，我们在知识学习和能力提升方面都有不小的进步。最后，在小组协调和团队合作能力方面，从项目开始时的陌生到现在的积极交流，提出自己的意见和观点，真的有了很大改变。

【训练小结】

通过以上活动，你是不是已经了解商务模拟活动和商业策划的基本内容，认识到商业策划撰写和商业实务操作实质就是进行严谨的商务模拟，认识到严格的商务模拟活动对个体领导力决策培养的重要性。

单元二　创业计划书和商业策划

创业竞赛是近些年颇为流行的一类商业竞赛，被誉为“风险投资的试金石”“未来企业家的摇篮”。所谓创业大赛，就是由参赛者组成优势互补的竞赛团队，提出一项具有市场前景的技术产品或服务。围绕这一产品或服务，完成一项完整、具体、深入的商业计划，并通过书面和口头的答辩，接受来自银行、风险投资咨询公司以及会计师、律师等专业人士的严格评估，最后获得风险投资家投资的比赛。比赛高度模拟了实际商业项目投资评估的运作过程，对参赛者的综合素质提出了很高的要求。

创业竞赛自 1983 年从美国得克萨斯州立大学奥斯汀分校开始实施，很快风靡全球。1998 年清华大学首次将创业竞赛引入中国，并发展演变成“挑战杯”中国大学生创业计划竞赛，成了国内参与人数最多、规模最大、影响力最广的创业赛事。2000 年的比赛吸引了来自北京、上海等 19 个省区市 112 所高校的 353 件作品参赛，掀起了大学校园的创业浪潮。目前，全国大学生“挑战杯”创业大赛、全国大学生电子商务竞赛等被认为是理论学习和商业谈判实践的重要平台和载体。通过竞赛模拟创业过程，不仅可以增强商业谈判能力，而且可以促进确实有市场潜力的项目和具有创业才华的学生与社会资源相结合。

【基础知识】

一、创业计划书和商业策划的特征

创业计划书和商业策划是由创业者准备的书面计划，用以描述创办一个新的企业时所有相关的内部、外部因素。虽然创业者的创业思路、创业方式及创业所涉及的领域不同，创业计划也表现出各自的独特性。但是比较成功的创业计划书和商业策划，还是具有很多的共同点的，其主要特征有以下几个方面。

1. 循序渐进

创业计划书和商业策划的制定往往要经过几个阶段，并在每个阶段进行多次修改，循序渐进而成。

2. 一目了然

创业计划书和商业策划应该重点突出读者所关心的议题，对关键的问题进行直接、明确的阐述，成功的创业计划书和商业策划给读者的印象往往是意义表达明确，文章脉络清晰。

3. 令人信服

创业规划在内容表达方面应注意运用比较中性的语言，保持客观的态度，力求对规划中涉及的内容进行不加有主观倾向性的评论。

4. 通俗易懂

在创业计划书和商业策划编写过程中，不应对技术或工艺进行过于专业化的描述或过于复杂的分析，应力求简单明了、深入浅出，对必须应用的专业术语及特殊概念在附录中给予必要的解释和说明。

5. 风格统一

创业计划书的编写如果是由多人协作完成的，那么最后应由一人统一修订成文，力求风格统一；同时，对计划书中引用的数据来源给予明确记录，并统一标明出处。

6. 严谨周密

创业计划书和商业策划必须有完整的格式，且格式应严谨统一。创业计划书和商业策划应提供一个清晰的容易理解的画面，显示商业投资的机会和风险。

二、创业计划书和商业策划的内容及相关信息

（一）创业计划书和商业策划的内容

1. 创业者与创业团队建设

无论是创业者还是创业团队，在创业之前首先要审视自己身上是否具有优秀的创业品质，如果没有，就要努力提升创业品质后再投入创业中。所谓创业团队，是指在创业初期由一群才能互补、责任共担、愿为共同创业目标奋斗的人所组成的特殊群体。在创业初期，因为资源有限，为减少创业初期运作成本，大学生需组建一个目标明确、专业互补、身兼多职的创业团队。

2. 创业创意和项目选择

所谓创业创意就是创业构想。对大学生来说，在现有市场条件下保证新创公司生存并不是一件简单的事情，只拥有资金与领导能力是远远不够的。面对市场上已经存在的竞争者，没有竞争优势的人很难站稳脚跟。因为这些竞争公司早有稳定的客户，知道这一行的市场与产品特征，有经验、有资金，比新公司能更好地预知风险。

3. 变化的环境趋势

社会经济的发展，经济结构的改变，人们收入水平的增加，使消费欲望、消费习惯也在发生变化。从这些变化中可以探寻消费者新的消费理念、消费欲望，为新消费理念、消费欲望开发产品或提供服务。

（二）创业计划书及商业策划相关信息

创业计划可行性分析包括产品或服务的可行性、产品和目标市场的

可行性、商业模式的可行性、组织的可行性和财务的可行性五个方面。创业计划相关信息就是这五方面可行性信息及产品和服务信息、产业和竞争对手信息、商业模式选择信息、准备组织建立信息和合理预估财务信息。

1. 产品或服务信息

产品或服务信息包括产品或服务的优劣势，目标市场定位、目标市场特征等如表 5-1 所示。

表 5-1　产品或服务信息

<table>
<tr><th>信息种类</th><th>信息分类</th><th>细分信息</th><th>所需具体信息</th></tr>
<tr><td rowspan="4">产品或服务</td><td rowspan="2">合理程度</td><td>产品或服务的优势</td><td>产品或服务的具体性能、特点、亮点有哪些</td></tr>
<tr><td>产品或服务的缺陷</td><td>产品或服务的缺陷有哪些
性能上的，状态上的，还是包装上的</td></tr>
<tr><td rowspan="2">目标市场</td><td>目标市场定位</td><td>目标消费者是哪些人
具体的目标市场结构如何，增长率怎样</td></tr>
<tr><td>目标市场特征</td><td>目标消费者购买力水平如何
目标消费者增长率如何
目标消费者的相似点在哪里，购买频率如何
购买及购买决策是怎样做出的
有品牌忠诚度吗
什么因素影响他们的购买力
这些因素有什么变化趋势
他们更关注价格还是性能，他们希望出价多少买下来，他们认为此种产品或服务的替代品是哪些
他们讨价还价的能力如何</td></tr>
</table>

2. 产业和竞争对手的信息

大学生需要收集产业及竞争对手的相关信息，通过分析产业和竞争对手的信息，可以明确创业公司所在产业和竞争者的状况，使创业者明晰公司产品或服务所应展示的亮点是什么，相对于竞争者来说，公司应该怎样定位，公司的优势是什么。产业和竞争对手信息如表 5-2 所示。

表 5-2　产业和竞争对手信息

信息种类	信息分类	细分信息	所需具体信息
产业和竞争对手	产业信息	产业发展潜力	3 ～ 5 年内的产业规模有多大，占整个经济产出 GDP 的比重是多大 本产业产值的年增长率是多少，相对于其他产业是高、低还是持平 该产业的平均利润率是多少 与此产业相关的经济、政治、法律、技术变化有哪些
		产业结构	产业是集中的还是分散的
		产业竞争状况	产业中竞争者数量和强度如何，参与者是国企、私企还是外企 所占份额大概是多少，主要竞争者是传统产业还是高新技术产业 产业内成功人士强调的成功因素有哪些
	竞争对手	产品或服务状况	产品或服务的优势和缺陷是什么 目标消费者是谁 采取怎样的定价策略
		经营状况	他们的生产、销售、价格、管理和市场份额等情况如何，其优势和弱点在哪里，他们都采取怎样的竞争策略
		数量	直接、间接和未来竞争者有哪些

3. 确定具体商业模式的信息

具体采用何种商业模式，是照搬现有模式，还是在现有模式的基础上有所创新？一般来说，照搬现有模式的做法比较保险，创业大学生可以观察竞争对手的商业模式，选择切合自身条件、发展良好的竞争对手的商业模式进行复制。在现有模式基础上进行创新，创新不是无本之源，要在原有模式的基础上分析其缺陷，完成从现有模式到新模式的创新。

4. 确定组织结构、管理经营的信息

创业者需要考虑新创公司要组建怎样的创业团队、构造怎样的管理结构、怎样进行日常的生产和销售，因此需要了解创业团队成员、组织结构、经营管理等方面的专业知识。

5. 预估财务状况的信息

创业计划需要通过制定三个预估表格，即利润表、资产负债表和现金流量表，以此预报新创公司的财务状况。

三、创业计划书和商业策划基本格式

制定一份创业计划书和商业策划可能需要花费很长时间，表 5-3 是一份创业计划大纲。

表 5-3　创业计划大纲

1	导言	企业名称和地址 企业性质 负责人姓名和地址 筹措资金陈述 机密陈述
2	计划执行概述	对企业经营计划做全面概述
3	行业分析	本产品的开发意图及市场前景 竞争者分析 市场划分 行业预测
4	生产计划	生产环境（厂房、机器和设备等） 劳动力组合搭配 生产能力估计 原材料供应情况

续表

5	营销计划	定价 分销 促销 产品市场预测 控制
6	组织计划	所有权的形式 合作伙伴的描述 管理团队的背景 组织成员的角色和责任
7	财务计划	损益预估表 现金流预测 资产负债预估表 盈亏平衡分析 资金的来源和运用
8	风险企业的描述	产品 服务 企业的规模 办公设备和人员 创业者的背景
9	风险预测	企业弱点评价 新技术 应急计划
10	附件	市场调研表（包括原材料报价） 相关法律法规 合同

四、创业计划书和商业策划完成标准

一份高质量的创业计划书和商业策划，不仅可以证明创业者有能力处理新企业面临的各个问题，而且能够与企业外部利益相关者进行新创企业价值的沟通并获得创业融资。多数投资者和银行家不会在没有创业计划书和商业策划的情况下就对新创企业进行投资。因此，撰写创业计划书和商业策划应遵循以下准则。

（一）简洁清晰

一份好的创业计划书和商业策划要能够让投资者了解新创企业的亮点，使投资者看到企业的长期使命、企业人员、技术和市场的总体情况。通常情况下，投资者会快速浏览创业计划书概要，了解新创企业概貌，觉得创业计划很有说服力和吸引力后，才会继续看下去。因此，一份创业计划书应整体美观整洁，撰写概要时力求做到简明扼要、条理清晰。

（二）排版规范

创业计划书和商业策划中的封面、目录、概要、附录、图表等部分是否合理，编排是否美观整洁，直接影响投资者对创业计划书和商业策划的评价。因此，创业计划书和商业策划的排版应力求规范，装订整齐美观。

（三）实事求是

好的创业计划书和商业策划以其客观性说服和打动投资者。创业计划书和商业策划要吸引人，必须切合实际，不能过分乐观。过分乐观的陈述或预测会破坏创业计划书和商业策划的可信度。事实上，很多风险投资者经常使用“计划折扣系数”，认为“成功的新创企业通常只能达到他们计划财务目标的50%”。因此，撰写创业计划书和商业策划时，应事实求是，切忌过分夸张，言过其实。

（四）关键风险

阐述新创企业在运营过程中可能遇到的关键风险因素，是创业计划书和商业策划中必不可少的一部分，这部分内容是投资者关注的重点。主动指出并讨论风险，有助于向投资者表明，创业者已清醒地考虑过关键风险因素并能够处理和控制好这类风险。因此，在撰写创业计划书和商业策划时，既要陈述创业者的危机管理能力，又要让投资者清楚对于创业者来说，这些风险是可以驾驭和控制的。创业计划书和商业策划中如果没有陈述关键风险，没有重视计划中存在的瑕疵，没有应急计划，一般很难受到投资者青睐。

（五）优秀团队

撰写创业计划书和商业策划的管理部分时，一定要让投资者接收到创业团队具有较强管理能力和资源整合能力的信号。风险投资者有一种共识：宁可投资产品创意弱、创业团队强的项目，也不会投资产品创意强、创业团队弱的项目。

创业者在组建创业团队时，要考虑团队成员的综合能力，包括团队成员的先前经验、教育背景及志向、志趣、品德等，以便撰写创业计划书和商业策划时能够使投资者或银行家接收到创业团队专业经验丰富、专业知识优势互补、创新能力强、创业情商高的信号。

【训练活动】

活动一：撰写创业计划书和商业策划

活动目的：完成创业计划书和商业策划。

活动步骤：对参与者进行分组，以小组为单位完成此项工作，可以分为选题阶段、创业计划书和商业策划制定阶段、点评阶段三个环节。

具体步骤如下：

训练师提供多个案例供参与者选择，并简要说明创业计划书和商业策划的制定原则及要求；

全班分为三个小组，每小组 6 人，其中一人为负责人（事先要对负责人进行简短的培训）。由负责人为各位组员分工，完成创业计划书和商业策划的最终汇总与整理工作。

①每个参与者独立将个人负责的部分完成。

②各小组负责人完成本组创业计划书和商业策划的汇总与整理工作，并进行展示。

③全班针对各小组创业计划书和商业策划进行讨论与分析。

④训练师对各小组创业计划书和商业策划进行点评。

创业计划书和商业策划撰写题目可参考如下。

- **饰品店创业计划书和商业策划**

我国权威机构对中国女性饰品市场的调查显示，目前我国女性饰品市场人均占有率不足 5%，而发达国家一般都在 45% 左右，其中最高的是日本的东京，为 98%。据专家预计，我国女性用品消费率正按每年 19% 的年增长率递增，可期待的巨大市场空间和可怜的市场占有率形成了鲜明的对比。就目前而言，可供消费者满意的产品并不多，市场中的产品和店面形式也良莠不分、参差不齐。所以说饰品行业的市场发展空间是很大的。

- **健身房创业计划书和商业策划**

研究调查表明，大学生体质健康状况不容乐观。这不仅影响了大学生当前的学习，而且也会对他们未来职业产生不可忽略的影响。近几年 NBA、英超等体育活动的风靡，激发了大学生在竞技场上一展风采的渴望。当下，大学生希望通过体育锻炼来增强体质，然而学校提供的锻炼设施较为陈旧，且目前市场上健身房的收费标准超出大学生的承受能力，因此开办一间针对大学生的健身房具有明朗的前景。

- **App 项目创业计划书和商业策划**

该 App 可以帮助你最全面最及时地掌握每日热点，不仅有日历提示功能、备忘录提示功能，还可以实现日记的功能，注册的用户可以按照每天的时间记录每日心情、事迹，上传图片和视频，查找的时候只需要输入日期就可以查到当天记录的事情，记录的东西可以公开，也可以设置私密。同时，在 App 上可以查到各大新闻媒体推的热点，轻松获取每天娱乐、社会、军事资讯。

- **网络平台创业计划书和商业策划**

记录留念名片平台网：隐私保密，保存你一生值得记录留念的档案材料；保密整合你身边的人脉关系网并为你所用；制作你最精美的动态电子名片，可加头像隐藏或可商务分享推广加好友等，让你的网络社交、商务得心应手；愿望商城可随你所愿购买，实现你所需所想的任何愿望；愿望游戏更可以让你通过娱乐，实现你各种天马行空的愿望，趣味无穷！

- **生活服务平台项目创业计划书和商业策划**

我们生活在有2000多万人口的城市里，每天都有不同的生活需求，各种商家促销活动，无限的供求信息。单靠实体广告、纸媒、中介公司、街边的小广告和自媒体等，对于现在的生活水平需求和服务质量是远远满足不了的。今时今日的互联网已经渗入每一个角落，京东、淘宝、58同城、微信、滴滴打车等已经成为年轻人生活中不可缺少的一部分。根据互联网发展趋势和自己多年的互联网运营经验，我创立百事通App，搭建了一个综合服务平台。

- **互联网体育项目创业计划书和商业策划**

国家近两年内将取消高校和普通高中体育和艺术生特长生推荐政策，将艺术和体育按照达标等级记入系统。以我国现在师资和学生体质情况是远远达不到应试和培训要求的，达标政策实施势必将出现学生积极性不高，找老师难、提高难、达标难的状况。××体育网络教育应运而生，将弥补这个空白。这里会员可以拥有大量教学资源；开设名师教育，重点讲解、疑点解惑，会员可以上传视频，名教名师通过视频对会员进行分析和指导；同地区的人还可以以俱乐部的方式，进行面对面指导；体育考级相关教材教具也配套进入系统。另外，举办体育联赛、地区竞技联赛，给需要地区慈善捐助和网络培训也是××体育网络教育今后的发展重点；通过培训的会员会对体育将产生浓厚的兴趣，将来也会有对体育场地的需求，俱乐部可以联系相关地区的负责人进行场地联系。

以上创业计划书和商业策划主题仅供参考，训练师可根据需要选择其他题目。

【训练小结】

通过创业计划书和商业策划的撰写训练，提高学生完成创业计划书和商业策划的能力，完善商业谈判及商务模拟能力。

通过以上活动，你是不是已经了解商务模拟和创业计划书和商业策划的撰写了呢？接下来，请思考，你将如何更好地发挥自己的特长，增强自己的领导商务模拟能力。

【训后实践】

本章通过案例分析及案例实训，提升参与者制定创业计划书和商业策划的能力。通过学习，我们要掌握创业计划书和商业策划的制定过程。创业计划书和商业策划的制定是一个复杂的过程，规范的、全面的创业计划书和商业策划是由创业战略环境分析阶段、创业战略选择阶段、创业规划制定阶段，以及创业规划实施及反馈阶段四个阶段组成的。创业规划的制定在创业规划活动中起着重要的作用。制订一份创业计划书和商业策划可能需要花费很长时间，但它是创业规划的核心。因此，通过学习，我们要掌握创业计划书和商业策划的一般文本格式，能做一些基本的编制工作，同时在训练中提高自己的商务能力和创新创业水平。

第六章　大学生自我认知与决策能力培养

【训练导言】

也许你刚刚结束高考，满怀憧憬踏入大学校门；也许你已经适应了大学生活，奔走于课堂、社团活动、兼职的忙碌中；也许你正面临找工作的焦虑……你有没有停下脚步，静下心来，问问自己：我是什么样的人？我喜欢什么？未来我希望做些什么？……

“认识你自己”，对自己有一个准确的把握和定位，既是一个深奥的哲学问题，也是人生中必然要面对和解决的现实问题。无论从广义还是狭义而言，提升领导力的关键在于对自我有正确的判断。培养自我认知能力，也就是要学会对自己定位。当然，仅仅靠个人判断得出的自我定位是不准确的，你也可以问问你的家人、同学、朋友，从身边人的反馈中得到他人对你的能力和风格的定位。对自己各方面有更加全面的认识，能够帮助你了解自己的决策风格，更能够让你在综合主客观多方面因素的前提下，做出最适合自己的决定，为个人的发展做好铺垫。

自我认知就是能够客观地认识和评价自己的能力水平、优点缺点、长处短处、性格特征。对自己有一个客观的评价和认识，才能够发挥长处、弥补短处，才能够进行合理比较，避免焦虑，才能够合理定位，确定适合自己的目标和选择。

【训练目标】

通过训练让学生了解自我认知的概念和方法，增加对自我的认识，调整认识模式和认知策略，使学生了解自我认知的基本理论、主要方法和步骤，为更好地进行决策提供工具和助力。

【训练案例】

刘邦的理由

汉高祖在洛阳的南宫举行酒会。汉高祖说："各位诸侯将领，请你们不要隐瞒我，都坦率地说一说，我为什么能够得到天下？项羽为什么会失去天下？"高起、王陵回答说："陛下傲慢而好侮辱人，项羽仁慈而爱护人。然而陛下派人攻城略地，攻下了城邑就封给他，和大家利益相共。而项羽妒贤嫉能，有功的人遭陷害，贤良的人被怀疑，打了胜仗不论功行赏，攻占了土地不给人好处，这就是他失去天下的原因。"汉高祖说："你们只知其一，不知其二。讲到运筹策划于帷帐之中，取得胜利于千里之外，我不如张良；治理国家，安抚百姓，调运军粮，使运输线路畅通无阻，我不如萧何；统率百万大军，战必胜，攻必克，我不如韩信。这三个人都是杰出人才，而我能够任用他们，这是我能够取得天下的原因。项羽手下只有一个范增，还不能任用，这就是他失败的原因。"

案例分析：成功者尽管其路径各异，但都有一个共同点，就是擅长自知而扬长避短。

思考：刘邦是怎样自知的？

单元一　认知和自我认知

【基础知识】

一、认知和自我认知

在面临重大问题决定时，你是不是总觉得力不从心，总是瞻前顾后，不知道该何去何从？认识自我是做出正确决策的前提。只有了解自己具备哪些优势、自己的喜好，才能知道自己真正想做的是什么，才不会虚度光阴，错失良机。只有了解多种性格类型，调整对自我的认知，以全新的眼光看待自己，才能更加接纳自己，增强自信心和自尊感，才能综合自身优势考虑长远人生目标，做出有利于个人发展的正确决策。正确的自我认知，能为你打开一个全新的视野，也让你以更宽容的心态理解别人。正确的自我认知会让你离成功更近。

二、自我认知相关理论介绍

人类所有的行为都是在自我系统的作用下产生的，同时又受到外界环境和内在情绪的影响。自我系统产生行为，主要是通过生成自我评价的结果，以及由此而产生的认知目标和情感能量作用于动机变量而实现的。并且，在自我评价的范畴内，能力的自我评价尤其重要。例如，当代的动机研究表明，对自我能力评价的低效能感和由于自我能力不足所导致的低价值感会严重地削弱动机。

比较主流的自我认知理论包括心理学家班杜拉的自我效能感理论和考温顿的自我价值理论。班杜拉把自我效能感作为人类动机过程的一种重要的中介认知因素看待，并用它来解释人类复杂的动机行为，为人们进一步认识动机过程中自我认知作用做出了重要贡献。考温顿在成就动机与归因理论的基础上提出了自我价值理论。但是与以往的动机理论不同的是，该理论从学习动机的消极方面入手，对许多教育现象进行了独到的解读。

三、自我认知的影响因素

（一）性格

MBTI（Myers-Briggs Type Indicator，迈尔斯类型指标）是一种迫选型、自我报告式的性格评估工具，用以衡量和描述人们在获取信息、做出决策、对待生活等方面的心理活动规律和性格类型。

MBTI 从四个维度考察个人的偏好倾向，以区分人与人之间的差异，这四个维度如下。

能量倾向：Extraversion（E）和 Introversion（I）

外向　　　　　　内向

处理信息：Sensing（S）和 Intuition（N）

感觉　　　　　　直觉

判断事物：Thinking（T）和 Feeling（F）

思维　　　　　　情感

行动方式：Judging（J）和 Perceiving（P）

判断　　　　　　知觉

其中两两组合，可以组合成 16 种性格类型，如表 6-1 所示。

表 6-1　性格类型与匹配的职业

性格类型	匹配的职业
ISTJ （内倾感觉思维判断）	稽查员、会计
ISFJ （内倾感觉情感判断）	人事管理人员、信贷顾问
INFJ （内倾直觉情感判断）	营销人员、编辑

续表

性格类型	匹配的职业
INFP （内倾直觉情感知觉）	建筑师、心理学专家
ESTJ （外倾感觉思维判断）	督导、行政人员
ESFJ （外倾感觉情感判断）	项目经理、证券经纪人
ENFJ （外倾直觉情感判断）	记者、作家
ENFP （外倾直觉情感知觉）	企业培训人员、广告客户经理
ISTP （内倾感觉思维知觉）	技术培训人员、银行职员
ISFP （内倾感觉情感知觉）	作曲家、艺术家
INTJ （内倾直觉思维判断）	科学家、法官
INTP （内倾直觉思维知觉）	建筑师、设计师
ESTP （外倾感觉思维知觉）	工匠、警察
ESFP （外倾感觉情感知觉）	表演者、演示者
ENTJ （外倾知觉思维判断）	律师、经理
ENTP （外倾直觉思维知觉）	演员、记者

MBTI 16 种性格类型通常具有的特征如表 6-2 所示。

表 6-2　MBTI16 种性格类型的特征

ISTJ	ISFJ	INFJ	INTJ
沉静，认真；贯彻始终、得人信赖而取得成功。讲求实际，注重事实，能够合情合理地去决定应做的事情，而且坚定不移地完成，不会因外界事物而分散精神。不论在工作上、家庭上或者生活上，以做事有次序、条理为乐。重视传统和忠诚	沉静，友善，有责任感和谨慎。能坚定不移地承担责任。做事贯彻始终、不辞辛劳和准确无误。忠诚，替人着想，细心；往往记着他所重视的人的种种微小事情，关心别人的感受。努力创造一个有秩序、和谐的工作和家居环境	探索意念、人际关系和物质拥有欲的意义和它们之间的关系。希望了解什么可以激发人们的推动力，对他人有洞察力。尽责，能够履行他们坚持的价值观念。有一个清晰的理念以谋取大众的最佳利益。能够有条理、果断地去实践他们的理念	有具创意的头脑、有很大的冲劲去实践理念和目标。能够很快地掌握事情发展的规律，从而想出长远的发展方向。一旦做出承诺，便会有条理地展开工作，直到完成为止。有怀疑精神，独立自主；无论为自己或为他人，有高水准的工作表现
ISTP	**ISFP**	**INPF**	**INTP**
容忍、有弹性；是冷静的观察者，但当有问题出现时，能迅速行动，找出可行的解决方法。能够分析哪些因素可以使事情进行顺利，能够从大量资料中找出实际问题的重心。很重视事件的前因后果，能够以理性的原则把事实组织起来，重视效率	沉静，友善，敏感和仁慈。欣赏目前和周遭所发生的事情。喜欢有自己的空间，能把握自己的时间。忠于自己所重视的人。不喜欢争论和冲突，不会强迫别人接受自己的意见或价值观	理想主义者，忠于自己的价值观及自己所重视的人。外在的生活与内在的价值观配合。有好奇心，能很快看到事情的可能性，能够加速对理念的实践。试图了解别人、协助别人的发展潜能。适应力强，有弹性；如果和他人的价值观没有抵触，往往能包容他人	认识任何感兴趣的事物，都要探索一个合理的解释。喜欢理论和抽象的事情，喜欢理念思维多于社交活动。沉静、满足，有弹性，适应力强。在他们感兴趣的范畴内，有非凡的能力去专注而深入地解决问题。有质疑精神，有时喜欢批评，常常善于分析

续表

ESTP	ESFP	ENFP	ENTP
有弹性，容忍；讲求实际，专注即时的效益。对理论和概念上的解释感到不耐烦，希望以积极的行动去解决问题。专注于“此时此地”，喜欢主动与别人交往。喜欢物质享受的生活方式。能够通过时间达到最佳的学习效果	外向、友善、包容。热爱生命、热爱人，喜欢物质享受。喜欢与别人共事。在工作上，能用常识、注意实际现实的情况，使工作富有趣味性、富有灵活性（即兴性），易接受新朋友和适应新环境。与别人一起学习新技能可以达到最佳的学习效果	热情而热心，富有想象力。认为生活充满很多可能性。能够很快地找出时间和资料之间的关联性，而且有信心依照他们所看到的模式去做。很需要别人的肯定，乐于欣赏和支持别人。即兴而富有弹性，时常信赖自己的临场表现和流畅的语言能力	思维敏捷、机灵，能激励他人，警觉性高，勇于发言。能随机应变地去应付新的和富有挑战性的问题。善于引出在概念上可能发生的问题，然后有策略地加以分析。善于洞察别人。对日常例行事物感到厌倦，甚少以相同方法处理同一件事情，能够灵活地处理接二连三的新事物
ESTJ	**ESFJ**	**ENFJ**	**ENTJ**
讲求实际，注重现实，注重事实。果断，能很快做出实际可行的决定。能够安排计划和组织人员以完成工作，尽可能以最有效率的方法达到目的。能够注意日常例行工作的细节。有清晰的逻辑标准，会有系统地跟着去做，也希望别人跟着去做。会以强硬态度去执行计划	有爱心、尽责，合作。渴望有和谐的环境，而且有决心营造这样的环境。喜欢与他人共事，能准确、准时地完成工作。忠诚，即使在细微的事情上也能如此。能够注意别人在日常生活中的需要而努力帮助他们。渴望别人赞赏他们和欣赏他们所做的贡献	温情，有同情心，反应敏捷和有责任感。高度关注别人的情绪、需要和动机。能够看到每个人的潜质，要帮助别人发挥自己的潜能。能够积极地协助他人和组织的成长。忠诚，对赞美和批评都能做出很快回应。社交活跃，在一组人当中能够惠及别人	坦率、果断，乐于作为领导者。很容易看到不合逻辑和缺乏效率的程序和政策，从而实施一个能够顾及全面的制度去解决一些组织上的问题。喜欢有长远的计划，喜欢制定目标。博学多闻，喜欢追求知识，又能把知识传给别人。能够有力地提出自己的主张

（二）兴趣

一个人成功的最初且持久的动力往往来自兴趣，这是一种本能。正如世界首富比尔·盖茨所说，在你最感兴趣的领域，隐藏着人生最大的秘密。

兴趣是人们对事物喜好或关切的情绪性心理现象，是人们力求认识某种事物或从事某项活动的意识倾向。它表现为人们对某件事物、某项活动的选择性态度和积极的情绪反应。兴趣在人的实践活动中具有重要意义，它可以使人集中注意力，产生愉快紧张的心态。这种愉快紧张的心理状态能增强你的适应能力，提高你的做事效率，会对你着手的活动起到推动作用，同时对未来的活动起到准备作用，影响你对未来的选择。兴趣受个人需要、个人认识和情感、家庭环境、受教育程度、社会因素等多方面影响。

（三）能力

按获得方式不同，能力一般分为能力倾向和技能两大类。能力倾向是指先天赋予的特殊才能，比如音乐、活动能力等，而技能是指经过后天学习和训练而培养的能力。

辛迪·梵和理查德·鲍尔斯将技能分为以下三种类型。

1. 专业知识技能

如果把知识看作一种信息，那么知识性技能则是将信息进行分类、加工、整合的一种能力。知识本身是静态的，而知识性技能则是一种动态的表达。这类技能与专业学习或工作内容直接相关，需要经过有意识、专门的培训获得，不能迁移。专业知识技能并非只通过正式专业教育才能获得。它的获取还有下列途径：课程学习、课外培训，专业会议、讲座或研讨会，资格认证考试、证书，上岗培训，娱乐休闲、社会实践、社团活动、家庭责任等。

2. 自我管理技能

良好的自我管理技能能够帮助个体更好地适应周围的环境、应对工作中出现的问题，因此它也被称为“适应性技能”。自我管理技能经常被看作个性品质，被用来描述或说明人具有的某些特征，常以形容词或副词的形式出现，如仔细的、慷慨的、喜悦的、欢快的、聪明的、高尚的，等等。自我管理技能无论是一个人先天具有的，还是后天习得的，都需要练习。它可以从非工作领域转换到工作领域。

3. 可迁移技能

人们所获得的各种技能之间可以相互作用，已经掌握的技能可能对新的技能起促进作用，也可能妨碍学习新的技能，这种现象称为技能的迁移。可迁移技能的特征是从一个岗位转到另一个岗位，从一个行业跨到另一个行业后仍可使用的能力。因此，也被称为“通用技能”。

【训练活动】

每个人都有“小宇宙”

对下面的经历进行分析，尽可能全面地列出你所掌握的知识性技能，再从中分别挑选出你比较精通的，和你在工作中应用或希望应用的知识技能，最后排列出对你来说最重要的五项技能。

①在学校开设的课程中学到的知识性技能（如英语、电脑、操作技能等）：

____

②在工作（包括兼职和暑期社会实践）中学到的（如电脑绘图技能等）：

____

③从课外培训、辅导班、研讨班学到的（如绘画技能等）：

____

④从专业会议中学到的（如大学生如何处理人际关系等）：

____

⑤从志愿者工作中学到的（如何照看孤寡老人等）：

____

⑥从业余爱好、娱乐休闲、社团活动中学到的（如摄影、缝纫技术等）：

____

⑦通过自学、看电视、听收音机、请教等方式学到的（如钢琴演奏、PPT 制作技术等）：

____

⑧请家人和同学帮助你回忆，你在校内外都学习过一些什么专业知识技能（不管程度如何）：

____

对你来说最重要的五项技能是：

____

在盘点了自己现有的知识性技能后，把你的思绪转向未来，想想哪些知识性技能你目前还不具备，但希望自己能够拥有，可以通过什么样的途径来获得这些知识性技能。

⑨我尚不具备但希望拥有的知识性技能是：

____

⑩我计划通过以下途径掌握以上知识性技能：

____

【训练小结】

通过以上活动，你是不是已经了解自我认知相关理论，掌握自我认知现状了呢？思考影响你的自我认知的因素有哪些？

单元二　自我认知与决策能力培养

【基础知识】

一、大学生自我认知和决策能力

1. 什么是价值观？

潜在价值观能帮助我们做好决策。那么，什么是价值观呢？价值观是指个人对客观事物（包括人、事、物）及对自己的行为结果的意义、作用、效果和重要性的总体评价，是推动并指引一个人采取决定和行动的原则、标准，是个性心理结构的核心因素之一。它使人的行为带有稳定的倾向性。

人不同于动物，动物只能被动适应环境，人不仅能认识世界，还知道应该做什么，明白事物对自己的意义，确定自己的奋斗目标。这些都是由每个人的价值观支配的。价值观决定、调节、制约个性倾向中低层次的需要、动机、愿望等，是人的动机和行为模式的统帅。人的价值观建立在需求基础上，一旦确定则反过来影响和调节人进一步的需求活动。人们对各种事物，如学习、劳动、享受、贡献等，在心目中存有主次之分，对这些事物的轻重排序和好坏排序构成了一个人的价值观体系。价值观体系是决定一个人行为及态度的基础。价值观受制于人生观和世界观，它的形成受人所处的社会生产方式及经济地位影响，在一定程度上不可逆。具有不同价值观的人会产生不同的态度和行为。所以，在面临问题决定时，你所倾向的选项其实正是你潜在价值观的体现。

美国心理学家洛特克在其所著《人类价值观的本质》一书中，提出13种价值观：成就感、审美追求、挑战、健康、收入与财富、独立性、爱、家庭与人际关系、道德感、欢乐、权利、安全感、自我成长和社会交往。我国学者阚雅玲将职业价值观分为如下12类。

收入与财富。工作能够明显有效地改变自己的财务状况，将薪酬作为选择工作的重要依据。工作的目的或动力主要来源于个人对收入与财富的追求，并以此改善生活质量，显示自己的身份和地位。

兴趣特长。以自己的兴趣特长作为选择职业最重要的因素，能够扬长避短、趋利避害、可以从工作中得到乐趣和成就感。在很多时候，会拒绝做自己不喜欢、不擅长的工作。

权力地位。有较高的权力欲望，希望能够影响或控制他人，使他人按照自己的意思去行动；认为有较高的权力地位会受到他人尊重，从中可以得到较强的成就感和满足感。

自由独立。工作有弹性，不想受太多约束，可以充分掌握自己的时间和行动，自由度高，不想与太多人发生工作关系，既不想管理人也不想被别人管理。

自我成长。工作能够给予自己受培训和锻炼的机会，使自己的经验与阅历能够在一定的时间内得以丰富和提高。

自我实现。工作能够提供平台和机会，使自己的专业和能力得以全面运用和施展，实现自身价值。

人际关系。将工作单位的人际关系看得非常重要，渴望能够在一个和谐、友好甚至被关爱的环境工作。

身心健康。工作能够免于危险、过度劳累，免于焦虑、紧张和恐惧，使自己的身心健康不受影响。

环境舒适。工作环境舒适宜人。

工作稳定。工作相对稳定，不必担心经常出现裁员或辞退现象，免于经常奔波找工作。

社会需要。能够根据组织和社会的需要响应某一号召，为集体和社会做出贡献。

追求新意。希望工作的内容经常变换，使工作和生活丰富多彩，不单调枯燥。

2. 为什么要重视价值观?

从价值观的角度来说，你的决策成功还是失败的判断标准就是，你是否得到了你想要的生活，决策所带来的生活方式是否符合你的价值观。如果符合你就会感觉很快乐；如果不符合，你就会感觉很痛苦。一个适应社会、身心健康、人格成熟的人应该清楚自己的价值观。价值观不仅影响人对事物的选择，也影响人与他人的相处和沟通，最终影响人的生活和发展。价值观的澄清，可以强化你的分析和批判事物的能力，可以提升你做决策的能力。

一个人越清楚自己的价值观，越了解自己想要寻求什么、什么对自己来说是最重要的，他的发展目标也就越清晰。而当现实环境与理想发生冲突时，他也更容易做出决策，因为他清楚哪些东西是可以放弃的，哪些是不可以放弃的。不同的价值观会产生不同的行动选择，价值观不清晰的人，往往会陷入混乱，难以抉择。

二、大学生自我认知现状

大学阶段是大学生处于思维特别活跃、选择异常丰富的阶段，也是大学生对自己未来职业不断探索的阶段。就年龄而言，大学生正处于青年初期和中期阶段，特殊的心理和生理发展阶段使得他们表现出不同的自我意识特点。

1. 较儿童、少年时期更多地关注自我

上大学意味着独立生活的开始，生活上的独立促进大学生心理上的独立，他们开始更多地关注自己，关心自己的现状和未来发展，他们不断地寻求自己未来的道路，并为之进行周密的计划和安排。他们认真进行自我观察、自我分析、自我评价，不断觉察“理想我”和“现实我”之间的差距。大学生在关注自我的同时还会产生一种孤独感，内心涌动着能被别人理解，想和人沟通的渴望。

2. 自我意识趋于稳定，但未完全成熟

相关研究表明，大学生自我意识发展已达到较高水平。当然这并不意味着大学生的自我意识已经成熟和完善，在这一阶段，大学生还是存在着各种各样的矛盾和困扰。

3. 主观上要求独立，客观上不能完全达到

大学生自我控制、自我教育能力较以往有较大提高，但仍存在明显不足。一般情况下，大多数学生能够理智地处理同学之间的矛盾与冲突，克服自己对专业的厌倦情绪，按照学校的规章制度管理自己。但少数同学存在自我控制能力差的一面，因此，大学生中同学之间矛盾激化和违纪现象时有发生。一旦发生问题，学生的自我监督、自我管理、自我教育能力仍不能充分起到应有的作用。

4. 自我评价能力增强，但存在片面性

由于大学生掌握了比较广阔的知识，面对社会对他们的期望和要求，大学生深入了解自己的愿望变得更加迫切。“我究竟是什么样的人”“我应该成为什么样的人”是大学生十分关心并经常思考的问题。他们通过经常与周围人比较，来认识自己、评价自己。这些都表明大学生的自我认识更具自觉性和主动性。大学生能借助一定的社会评价来认识自己，但又不完全依赖别人的评价，这是大学生自我评价能力增强的表现。但是，由于对客观事物理解的肤浅和判断上的片面性，大学生对自我的理解和判断经常停留在表面。

5. 自我控制和自我教育能力明显不足

大学生自我体验深刻丰富，但两极化明显。大学生自我体验比较丰富，有喜欢肯定的体验，也有不满意对自己的否定的体验；有喜悦积极的体验，也有忧虑的消极体验；有紧张的体验，也有轻松的体验。大学生的自我体验丰富、细腻、深刻，情感体验的基调倾向于热情、憧憬、自信、急躁等，而且两极化十分明显。当他们取得成绩受到表扬时，当他们的言行举止被别人接纳时，他们就会表现出愉快、喜悦等积极的、肯定的情感

体验；当他们受到挫折和批评时，他们就会产生低沉、犹豫等消极的、否定的情感体验。

6. 自我认识、自我评价易受情绪影响

一旦在学习、生活中遇到困难和挫折，大学生们往往就会产生一些非理性的认知，表现出内疚、不安、自卑等负面情绪，以致否定自己、拒绝自己，甚至打破原有的心理平衡，不能一分为二地看待自己，背上沉重的心理包袱。所以，对于在校的大学生而言，了解自己认知方式的决定因素、影响因素并且学会一些正确自我决策的方式是十分重要和必要的。

三、自我认知能力培养

正确的自我认知是人格成熟的标志之一。一个连自己的优缺点都不了解的人，如何能够了解他人，又怎能与团队成员良好合作，如何踏入社会进入职场？美国著名教育家杜威提出“教育就是成长”。每个人的自我认知过程恰恰是成长的过程，教会学生认识自我、客观地评价自我也是教育中非常重要的一环。使学生从不断成长中认知，通过广泛地认知走向成熟。作为学生教育成长主要阵地的家庭、学校、社会，在学生自我认知成长的不同时期都起到了相当重要的作用，下面从家庭、学校层面探讨帮助学生正确认知自我，提升自身能力的对策。

1. 家庭层面

从家庭层面上，家长要杜绝无论孩子做好做坏都一味夸奖的方式。做好了得到认可是必要的，可是没有做到和中途放弃就是问题了。家长应该帮孩子分析没能完成的原因，扩展思路找到可以完成的方式方法，鼓励孩子再次尝试挑战，哪怕仍旧没有成功，也不要气馁。通过这样的方式让孩子明白世界上的许多事情都要通过不断努力才能完成。

从家庭层面上，家长坚决不要做“虎妈、狼爸”，摒弃“棍棒之下出孝子”的观念。对于孩子的缺点和不足，要有耐心地指出来，慢慢地帮助他们改正。不要经常与旁人的孩子比较，这会伤害自己孩子的自尊心。在童年时期留下的阴影，孩子也许要用漫长的一生才能走出来。孩子是我们的唯一，家长要珍惜孩子带给我们的为人父母的机会。每个孩子出生都是一张白纸，蜕变成一幅绚丽的画作，不是打出来、骂出来的。

在家庭层面上，家长一定要注意自己的言行。父母就是孩子的一面镜子，家长想让孩子成为什么样的人，请自己先做到。如果你出门随地吐痰、乱扔垃圾、不遵守交通规则、随意插队的话，那么请不要忘了你身边有一双孩子的眼睛在注视着你。“勿以善小而不为，勿以恶小而为之。”“惟贤惟德，能服于人。”

在家庭层面上，家长一定不要溺爱孩子。孩子总是会离开你的照料，要独立面对人生。 没有谁会像家长一样那么宠爱孩子。与其让孩子以后面对他人受苦受气，不如家长培养孩子独立自主、吃苦耐劳的品性。而且，过度溺爱还容易造成孩子盲从和依赖的性格。

2. 学校层面

在学校层面上，教师要帮助盲目自信的学生分析自己的能力是否可以达到目标要求，鼓励学生在大一就做好大学生涯规划。对于缺乏恒心的学生，教师可以巧妙利用团队的力量，通过与同学共同完成一个课题或调查报告，让他体会到坚持不懈地完成后，所获得的满足感和自信心，以及从团队成员那里获得的信赖感。

在学校层面上，由于学生来自祖国各个地区，对于老少边穷地区的学生，教师更应该多加关注，帮助他们迅速适应大学生活。同时，在班级中弘扬正能量，宣传正确的价值观，加强对学生的思想道德教育，鼓励学生通过学习改变命运，给他们插上希望的翅膀。同样，教师职责是对待学生要一视同仁，对待问题学生要实事求是，态度上要以诚相待，用心将责任规范意识传递给每一名学生。

在学校层面上，身教胜于言教。教师应该注意为人师表，表里如一，要求学生做到的事情，比如出勤、时间观念等方面，教师必须以身作则。齐景公问政于孔子，孔子对曰：“君君，臣臣，父父，子子。”中心意思就是“每个人要恪尽职守”，对自己和他人都要负责。

古希腊德尔菲城的阿波罗神庙镌刻着“认识你自己”的箴言，告诉我们，认识自己是多么重要。正确认识自己，可以促进与他人的交往，有助于我们认识到自己不能离开他人和社会，从而更好地理解、宽容和善待他人，与他人积极互动。就像2500年前孔子讲的那样，人的内心自然存在的“仁”爱之心，通过“义”要求，通过“礼”规范达到，形成完美的君子品格。在今天看来，对我们研究探索人类自我认知的方法也具有一定指导意义。对于家长、学校、社会来说，培养有健全人格的、有独立自主意识的、能够胜任社会具体工作的、符合社会主流价值观的人是最关键的。完美不是重要的，完成也不是重要的，重要的是要对自己有清醒的认知。老子曾说：“知人者智，自知者明。胜人者有力，自胜者强。”目标再高远也不要紧，认清自己之后，分步实现，每实现一个目标，自我认知就进化一层。

【训练活动】

渔夫和商人的对话

一位美国商人坐在墨西哥海边一个小渔村的码头上，看着一个墨西哥渔夫划着一艘小船靠岸。小船上有好几尾大黄鱼。这个美国商人问渔夫：“你要花多少时间才能抓到这么多鱼？”墨西哥渔夫回答：“一会儿的工夫就抓到了。”美国商人接着问道：“你为什么不待久一点，好多抓一些鱼？”墨西哥渔夫觉得不以为然：“这些鱼已经足够我一家人生活所需啦！”

美国商人又问：“那么你一天剩下那么多时间都在干什么？”墨西哥渔夫解释：“我呀？我每天睡到自然醒，出海抓几条鱼，回来后跟孩子们玩一玩，再跟老婆睡个午觉，黄昏时晃到村子里喝点小酒，跟哥儿们玩玩吉他，我的日子可过得充实又忙碌呢！”

美国商人不以为然，帮他出主意，说：“我是美国哈佛大学企管硕士，我倒是可以帮你忙！你应该每天多花一些时间去抓鱼，到时候你就有钱去买条大一点的船，再买更多渔船。然后你就可以拥有一个渔船队。然后你可以自己开一家罐头工厂。如此你就可以控制整个生产、加工处理和行销。然后你可以离开这个小渔村，搬到墨西哥城，再搬到洛杉矶，最后到纽约。在那里经营你不断扩充的企业。”墨西哥渔夫问：“这又花多少时间呢？”美国商人回答：“十五到二十年。”

“然后呢？”

美国商人大笑着说：“然后你就可以在家当皇帝啦！时机一到，你就可以宣布股票上市，把你的公司股份卖给投资大众。到时候你就发啦！你可以几亿几亿地赚！”

“然后呢？”

美国商人说：“到那个时候你就可以退休啦！你可以搬到海边的小渔村去住。每天睡到自然醒，出海随便抓几条鱼，跟孩子们玩一玩，再跟老婆睡个午觉，黄昏时，晃到村子里喝点小酒，跟哥儿们玩玩吉他喽！”

墨西哥渔夫疑惑地说：“我现在不就是这样了吗？”

大鱼和小鱼

有两个年轻人来到一个地方开荒。其中一个人开了一亩地，就像第一个故事里的渔夫那样，既然这一亩地的粮食已足够他吃了，剩下的时间就不如用来舒舒服服地晒太阳，他叫小鱼。

另一个人叫大鱼，大鱼不停地开啊开啊，拓开了一亩地又一亩地……自然，他是没有时间晒太阳的。开垦的几十亩地需要他不停地翻耕、除草、浇水、流汗……

“大鱼兄弟，歇会吧。人生苦短，欢乐无多啊。睡不过一张床，吃不过一个胃，你忙做这么多又是何苦呢？”正在树阴下听风喝茶的小鱼说。

大鱼笑笑：“如果换一种心态来感受，劳动本身也可以是一种乐趣，一种享福。更主要的还有将来，人生虽然短暂，但也没有短暂到只有一天、一周、一月甚至一年那么短。”

他们谁也没有说服谁。

一年很快过去了，小鱼粮食吃光了又刚好接济上。大鱼呢，除了自己所吃所用的，还有很多粮食卖给了别人，同时他把那几十亩地也租给了别人。

这样，他就有了一笔钱。

他去和小鱼告别，说他有了资粮，可以去他乡、去城市、去更远的地方了。

十年后，一列车队回来。是大鱼的车队。

“这十年，我见过北国的千里冰封，见过南海的万倾波浪，看过了千奇百怪的风土人情，做了许多有意思的事情，当然也赚了很多钱。我想说，世界真大，生命真美好。”

小鱼呢，还在原来的屋子住，不过他有了三亩地，因为他有了两个孩子。

小鱼喃喃地说：“知足者常乐……”只不过声音小的只有他才能听见。

读完以上故事，我们讨论一下以下两个问题：

你如何看待渔夫和商人的观点？

你愿意做他们当中的哪一个？

总结：所谓“当局者迷，旁观者清”，也许你会说，我还不了解我自己吗？事实往往是这样，拥有价值连城的宝物而不自知的人很多。认识自我包括性格、兴趣、能力、价值观等多个方面，当你知道自己这些品质特性后，你就能为自己设定一个可以努力达成的目标，为之奋斗，在人生的道路上做出正确的选择。当然，了解自我的过程是持续而漫长的，当你学会聆听自己的心声，你就会越来越容易找到自己的闪光点，从而更加从容应对人生。

【训练小结】

通过以上活动，你是不是已经了解了自己的价值观，分析了自己的自我认知现状？思考你该怎样做能增强自己的自我认知能力。

【训后实践】

本章通过案例分析及案例实训使得学生学会认知自己，了解自我认知相关理论和影响自我认知的相关影响因素，培养和提升自我认知能力。形成准确的自我认知是一个漫长的过程，可能需要花费很多精力和时间，但这是你做决策的基础，因此，要通过学习和实践，了解自己的价值观，对自己有一个准备认知。同时，注意在训练中培养自我认知能力，提高自己的自我认知水平。

第七章　大学生职业规划与决策能力培养

【训练导言】

任何决策都有风险性，职业规划决策本身也同样具有风险性。个体决策一般可以分为确定无疑的决策、风险型决策和不确定决策。现实生活中，职业规划决策通常带有预测的成分，具有不确定性和风险性。职业规划决策属于风险型决策，意味着个体要承担决策结果，因而往往会带给决策个体很大程度的焦虑和不安。

职业规划决策是大学毕业生必须面对的人生关键一步，也是领导力决策重要的体现。职业规划决策是一个复杂的认知过程，起源于英国经济学家凯斯的经济学理论。他认为，个体在选择职业生涯目标时，将以最大收益和最低损失为标准，在多个职业之间权衡，由此开启了职业规划决策方面的研究。库姆伯兹的职业规划理论认为，职业规划决策能力可以通过经验习得而提高，且这些习得性经验能够对个体的职业规划决策行为产生重要影响。依据库姆伯兹的这一理论，国外研究者在这方面进行了大量的研究：卡洛斯设计了职业规划决策技能训练课程；沙利文等对女性职业规划决策自我效能低者进行了团体训练。国外研究也表明，职业规划决策能力对于个体的职业生涯发展有重要影响：能力高者往往能在求职过程中采取更为积极、主动的态度；而能力低者则往往以消极、被动的方式做出职业选择。

培养和提升大学生职业规划决策能力，有助于帮助大学生提高领导力决策水平，准确定位，帮助大学生实现自我人生价值。

【训练目标】

职业规划决策是一个复杂的认知过程，通过此过程，决策者可以了解有关自我和职业环境的信息，仔细考虑各种可供选择的职业前景，做出职业行为的公开承诺。本章节将主要通过对职业规划理论、类型的梳理，通过案例学习，开展职业规划决策能力，运用大学生职业规划决策力训练所需的理论、方法、工具、注意事项等，指导大学生如何进行职业规划决策。

【训练案例】

案例一：不断进取的金吉列

金吉列是一个发明家，他把目光投向了全世界男人的胡子，发明了剃须刀并投入生产，取得成功。

1895 年，40 岁的金吉列是一家公司的推销员，职业的需要使他十分注意仪表的修饰。一天早上当金吉列刮胡子的时候，由于刀磨得不好，不仅刮起来费劲，还在脸上划出了几道口子，懊丧的金吉列眼盯着剃须刀，突然产生了创造新型剃刀的灵感。于是他辞去推销员的职务，专心研制新型剃须刀。新发明的基本要点是安全保险、使用方便、刀片随时可换。

由于没能冲破传统习惯的束缚，新发明的基本构造总是摆脱不掉老式长把剃刀的局限，尽管他一次又一次地改进设计，结果却还是不能令他满意。几年过去了，金吉列仍是空怀雄心，希望渺茫。一天，他两眼茫然地望着一片刚收割完的田地，一个农民正在用耙子修整田地。吉列看到农民轻松自如地挥动着耙子，一个崭新的思路出现了。新剃须刀的基本构造应该同这个耙子一样，简单、方便、运用自如，苦苦钻研了 8 年的金吉列终于成功了。

1903年，金吉列创建了吉列保安剃须刀公司，开始批量生产新发明的剃须刀片和刀架。经过潜心经营，又过了8年，吉列保安剃须刀不仅打开了市场，而且还把销量扩展到了整个美国。第一次世界大战的爆发，为吉列公司的发展提供了一个良好时机。金吉列对此紧抓不放，他以成本价格把大批保安剃须刀卖给美国政府，美国政府以士兵应保持军容的整洁为由，给美国士兵每人发一支保安剃须刀。远赴欧洲战场作战的美国士兵把保安剃须刀的影响扩展到欧洲和世界其他地方。金吉列的策略表面上一文未赚，实际上却产生了任何广告都难以达到的效果。

但是，面对世界各国同行业的激烈竞争，金吉列想一统天下实在很难。意大利不锈钢刀片研制成功并投放市场给了吉列公司一个沉重的打击，使他们措手不及。吉列公司在意大利的市场一下子被不锈钢刀片抢走了80%。随后不锈钢刀片又进入美国。吉列公司因拿不出和不锈钢刀片抗衡的新产品而节节败退。面对严峻的竞争，吉列公司并未因此而惊慌失措，而是凭借自己雄厚的实力，继续坚持新产品开发，迅速组织技术力量，投入大量资金，全力开发研制不锈钢刀片。

在意大利不锈钢刀片问世一年零六个月后的1963年9月，吉列公司把自己的新产品吉列不锈钢刀片投放市场，竭力和意大利刀片抗衡。两年后，吉列公司又推出第二代超级吉列不锈钢刀片，并且以新产品为依托，采取大规模广告宣传和降低价格策略，不久就把意大利刀片赶出了美国市场。

随着社会经济的发展和科学技术的进步，1960年后，电动剃须刀的问世对对吉列剃须刀构成了新的威胁。吉列公司采取的对策仍是开发研制新产品，他们研制的双排刃保安剃须刀在安全、耐用、价格和能把胡子彻底刮净等方面，具有电动剃须刀不可比拟的优越性，足以和电动剃须刀抗衡。由此可见，新产品开发决策是吉列公司在市场上立于不败之地的保障。

案例二：危急关头显身手的贾尼尼

1928 年夏天，积劳成疾的美国银行家贾尼尼离开了刀光剑影的纽约华尔街，回到风光旖旎的家乡意大利米兰休养。

身在意大利米兰，心在美国纽约，贾尼尼始终密切地关注着万里之遥的纽约华尔街的情况。一天，贾尼尼突然被一条新闻惊呆了，这条刊登在头版头条的新闻是这样写的：贾尼尼的控股公司纽约意大利银行的股票暴跌 50%，加州意大利银行的股票亦出现 36% 的跌幅。

贾尼尼大吃一惊，心急火燎地赶回加州旧金山。在圣玛提欧的豪华住宅中，贾尼尼召开了紧急会议。他阴沉着脸火爆地大声质问憔悴不堪的儿子玛利欧："股价如此暴跌，一定有人在背后捣鬼，到底是谁？"在一旁的律师吉姆·巴西加尔赶忙替玛利欧回答道："股价暴跌是由摩根的纽约联邦储备银行引起的，他们认为意大利银行涉嫌垄断，逼我们卖掉银行 51% 的股份。"原来，意大利银行收购旧金山自由银行之后，金融巨头摩根怀疑贾尼尼野心勃勃要控制全美国的银行业，因此招来了联邦储备银行的干预。面对这种情况，玛利欧主张卖出意大利银行的一部分资产，然后再买回公开上市的股票，从而使意大利银行由上市的公众持股公司变成不上市的内部持股公司，脱离华尔街的股票市场。其他的董事也都认为玛利欧所说的是目前唯一可行的办法，只有这样才能挽救意大利银行于倒悬。但是，他们达成的一致意见却遭到贾尼尼的强烈反对，他认为这一策略不无可取之处，但未免太消极。大家都沉默了，用征询的目光看着贾尼尼，意思是说：你否决了我们的建议，难道你有什么更好的锦囊妙计吗？他们对贾尼尼善于出奇制胜的才能一点也不怀疑。

然而，贾尼尼却说出一番使大家更吃惊的话："再过两年我就进入花甲之年了，而且身体也渐渐支持不住了，我要辞去意大利银行总裁的职务。"此话一出，令在场的人都大为吃惊。大家都痛苦地低下了头。因为他们都明白，贾尼尼是说到做到的人，是绝不会反悔的。玛利欧却迫不及待地劝说："爸爸，我们焦急地盼望您回国，不是想听您说这句话的，您呕心沥血一手建造起来的意大利银行，如今正处于生死攸关的紧急关头，我们需要您带我们一起渡过这个难关！”

贾尼尼放声大笑起来，他挥动着拳头说：“我决不会让意大利银行倒下的！”大家的情绪立即激昂起来，他们心里明白，贾尼尼已经有了一个非常好的对策，他们都瞪大了眼睛盯着他。贾尼尼接着说：“不但如此，我还要设立一个比意大利银行还大好几倍的控股公司，我之所以辞职，就是要以个人的身份去游说总统和财政部长，使他们制定一条新法令，使商业银行的全国分行网络合法化。”玛利欧却泄气地说：“等您说服他们颁布新法令，意大利银行早就完了！”贾尼尼瞪了他一眼，似乎是责备儿子怎么这么没志气：“当然，我去游说一方面是争取合法化，另一方面也是一条缓兵之计。我们不仅不能让意大利银行倒下，而且还要设立比意大利银行大几倍的全国性巨型控股公司，发展出一个以原始银行业务为支柱的民办最大的商业银行。”

贾尼尼这种高瞻远瞩的气魄，使大家都佩服得五体投地，对他的金蝉脱壳决策一致表示赞同。于是，玛利欧等人很快就到德拉瓦注册成立了一家新公司：泛美股份有限公司，该公司的最大股东就是意大利银行。但由于它的股票分散在大量的小股东手里，因而外人很难再怀疑它有垄断嫌疑。他们再以这家公司的名义，把别人控制下正在暴跌的意大利银行的股票低价买进，这样一来，便挫败了摩根等人欲置意大利银行于死地的阴谋。意大利银行不仅没有垮下，而且发展得愈加壮大。后来它甚至还吞并了美洲银行并将各分行全部改名为美国商业银行。

贾尼尼担任美国商业银行这个全美第一大商业银行的总裁，成为改写美国金融历史的巨人之一。

思考题：

结合“不断进取的金吉列”和“危急关头显身手的贾尼尼”案例，说出金吉列和贾尼尼在创业过程中的决策能力。思考假如你在同样的情境下，你会怎么做。

单元一　职业规划决策理论

【基础知识】

一、职业的基本知识与分类

如何选择一个理想的职业是高校大学生毕业后最关心的实际问题。从事什么样的职业对于一个人的事业发展起着至关重要的作用。可以说选择职业就是选择未来。因此，认识职业，掌握职业的基本知识，对大学生今后的学习和工作都具有非常重要的作用，同时也是大学生正确择业和顺利走向社会的必备条件。

（一）职业的起源

职业是人类社会发展到一定阶段的产物，是伴随社会分工的出现而产生的。原始社会初期生产力水平低下，人们在生产劳动中形成了简单的自然分工。例如，成年男子外出作战、打猎、捕鱼等，并制作从事这些活动所必需的工具；妇女采集果实、从事原始农业、管理家务、抚养孩子、制备食品和衣服。但是，那时还没有出现职业，因为还没有固定从事某项专业工作的人群。随着社会生产力的发展，人类征服自然的能力不断地提高，学会了驯养动物和栽培作物，开始出现了游牧业与农业的分离，之后是手工业产品交换的商业，这就是人类社会发展史上三次重要的社会大分工。伴随着社会大分工，出现了牧民、农民、工匠、商人等职业，随之而来又形成了体力劳动和脑力劳动的分工，人类社会就这样产生了各种各样的职业。由于职业的产生是由社会分工引起的，因此，社会分工的发展必然决定和制约着职业的发展和变化，在这种发展变化过程中，新的职业不断产生，旧的、过时的职业被淘汰。

职业的产生和发展是人类文明的标志，是社会发展与进化的反映，但职业不是伴随人类社会的形成产生的，而是伴随社会劳动分工的深化而不断地发展变化。

（二）职业规划决策能力

决策是指人们为了达到一定目标，在掌握充分信息和深刻分析各种情况的基础上，科学拟订各种方案并加以评估，最终选出合理方案的过程。对于即将走向社会的大学生来说，决策能力在其整个能力素质结构中占据着重要地位。作为将来社会建设的中坚力量，大学生毕业后会进入社会的各行各业，也将会面临许多需要他们做出迅速准确决策的问题，他们做出决策的科学性很大程度上影响到大学生自身和社会的发展。所以，在大学期间，大学生应该时刻注意决策能力的培养，为将来的工作、生活打好基础。

职业规划决策能力是一种非常重要的职业能力。决策能力的大小，决策的正确与否，往往影响着大学生整个职业生涯发展。在个人的职业规划过程中，特别是在职业规划转折关头，如首次择业、重新择职等，具备职业规划决策能力和决策技术十分重要。

所谓职业规划决策能力，指的是人习得的顺利完成职业选择活动所需要的知识、技能及个性心理品质。个人须培养和提高以下四方面的职业规划决策能力：①善于收集相关的职业资料和个人资料，并对这些资料进行正确分析与评价；②制订职业规划决策计划与目标，独立承担和完成个人职业规划决策任务；③在实际决策过程中，不是犹豫不决、不知所措、优柔寡断，而是有主见、适时地、果断地做出正确决策；④能有效地实施职业规划决策，能够克服计划实施过程中的种种困难。

职业规划决策能力运用于实际的职业规划决策时，需要讲求决策技术，以掌握决策过程。

首先，收集、分析与评价各项相关职业资料及个人资料。这一工作即是集中职业选择途径的后果与可能性的分析与预测。

其次，对个人预期职业目标及价值观进行探讨。个人究竟有怎样的职业价值倾向？由此决定的职业目标是什么？类似的问题并非每个人都十分清楚。现实当中，经常会发现价值观不清、不确定的情况。所以，澄清、明确和肯定个人主观价值倾向与偏好当为首要，否则无法做出职业规划决策。

最后，在上述两项工作的基础上，将主观愿望、需要、动机和条件，与客观职业进行匹配和综合平衡，经过权衡利弊得失，确定最适合、最有利、最佳的职业岗位。这一决策选择过程，是归并个人的自我意向，找到自己爱好的和擅长的工作，发展一种能带来满足和报偿的职业角色的过程。

（三）职业规划决策能力培养

要提高当代大学生的决策能力主要还是要注重学生创新意识的培养。通过培养大学生的创新意识来提高其决策能力。

第一，注重决策过程中的思维创新。要做出一个既有效率又有效果的决策，思维很重要。只有将一件事的各个方面都考虑到了，才不会在做出决策的时候失之偏颇。同时，有的时候仅仅考虑全面也是不够的，还需要有创新性思维。例如，在学习、工作和生活的过程中，许多问题都可以从反面去剖析、反证、推理、理解、设想、加深和扩展对正面知识领域的认识和把握。又如，有时候站在事情的局外思考问题可能并不能取得很好的效果，这时就可以将自己当成这一问题的当事人来考虑。这样设身处地的思考往往可以打破僵局，找到问题解决的最佳决策。

第二，重视决策过程中的方法创新。要做好一个决策，运用什么样的决策方法是十分重要的。传统的凭直觉判断做出的决策肯定是会出现偏差的。在 21 世纪的今天，传统的决策方法已不能适应时代的要求，我们需要更新、更先进的决策方法。例如，定量分析方法，即根据已有的实际数据以及变量间的相互关系，建立一定的数学模型，然后通过运算，取得结果，进行判断。这种方法不仅有助于人们比较精确地分析、判断问题，而且能借助计算机把大量的程序化决策高度自动化，提高了决策的速度和效果。大学生作为社会中比较开放的群体，更应该不断掌握和探索新的决策方法。与此同时，大学生掌握和探索科学的决策方法也有助于提高其决策能力。

第三，掌握决策过程中的工具创新。有时候进行决策不仅需要方法，还必须借助某些决策工具。例如，用于收集信息和交流意见的电话与传真；用于数据处理、信息加工、科学计算、决策模拟的计算机。在如今这个“信息爆炸”的时代，计算机在人们的学习、工作和生活当中扮演着相当重要的角色。借助计算机来进行决策也具有许多优点。计算机已将数学技术的适用能力扩展到更多的更复杂的问题上去；并且计算机通过新的模拟技术已进一步地将可程序化决策的范围加以扩展。同时，计算机的出现也极大地将决策者从收集数据、信息等烦琐的工作中解放出来，从而能够专心地对数据和信息进行分析以做出好的决策。另外，还有很多辅助决策工具是大学生可以掌握并运用的。掌握好的决策工具对于大学生决策能力的提高具有一定意义。

面对市场经济和信息时代的当代大学生要注重提高自己的决策能力，这对大学生以后进入社会、参加工作有积极的作用。而当代大学生要提高决策能力，注重创新意识的培养十分关键。这主要体现在思考问题时要创新，运用方法时要创新，使用决策工具时要创新。只有这样，当代大学生才能更好地提高决策能力，才能在不断发展、不断变化的时代中，在决策过程中始终掌握主动。

二、职业规划决策理论

在日常生活中，我们经常要面临各种各样的抉择情境。有的决定很简单，只要稍加思考，很快就能依照个人的需要或喜好做选择。例如：今天要穿什么衣服；到食堂吃饭点什么菜；要不要给同学过生日等。有的决定可能需要花些时间去考虑，但决定的后果可能关系到一个人未来的发展前途。比如，选择哪所大学，选择哪个专业，选择什么样的职业等。从研究取向来看，职业生涯决策模型可以分为：标准化模型、描述性模型和规范性模型。标准化模型明确说明如何做出理性选择；描述性模型描述并解释在现实生活中人们如何从实际选项中做出选择；规范性模型勾勒出做出更好的决策可能包括的步骤，并承认个体做出的决策按照标准化决策模型来说可能不是最好的。

（一）标准化职业生涯决策模型

标准化决策理论又称经典决策理论，该类型理论认为决策者能够加工所有相关信息，能够做出完全理性的选择，在选择时遵循着效用最大化原则。

1. 盖拉特模式

盖拉特模式特别强调资料的重要性，他将个人处理资料的策略分成三个系统，即预测系统、价值系统和决策系统。预测系统，即预测不同的选择可能会造成的结果并估算出每个行动可能造成该结果的概率，以此作为该采取哪个行动方案的参考。价值系统即个人对于各种可能的行动之喜好程度。决策系统：评判各种行动方案的标准，其选择的取向分为：期望取向，选择可能达成自己最想要的结果之方案；安全取向，选择最安全、最保险的方案；逃避取向，避免选择可能造成最不好结果的方案；综合取向，选择需要而又最可能成功，不会产生坏结果的方案。

1962 年盖拉特提出了职业生涯决策的五个步骤：①个体意识到做决策的需要，并确定决策的目的或目标；②收集与目标或目的有关的信息，同时调查所有可能的方案；③对收集到的信息进行预测，估计可能的选择结果以及结果出现的概率；④根据价值系统，评价结果是否满足需要；⑤决策的评估和选择，根据可能的结果及结果的价值，按照一定的标准作出决策。决策有两种，即终极性决策或调查性决策。终极性决策指与目的或目标一致或相关的决策；调查性决策指还需要进一步考察的决策。调查性决策最后将导致终极性决策。盖拉特认为，预测系统和价值系统的内容比决策标准更容易观察到，而且远不如决策标准复杂，所以，提高信息服务将会增加作出好决策的可能性。

2. 克朗伯兹社会学习论

克朗伯兹及其同事汲取经典决策理论和班杜拉的社会学习理论的精华，提出了职业生涯决策的社会学习论。职业生涯决策的社会学习理论指出，职业选择过程受到四类因素的影响：遗传天赋和特殊能力（如内在素质、身体障碍、音乐和艺术的能力）；环境条件与事件（如劳动法规、技术进步、社会机构变化、家庭资源）；学习的经验（如各种工具性学习、行为和认知反应、观察学习）；任务完成技能（设定目标、工作习惯、情绪反应方式）。

克朗伯兹于 1977 年以学习理论对职业生涯决策技巧的作用进行研究，提出了帮助他人进行职业生涯决策的 7 个步骤模式：

①界定问题：厘清自己的需求及时间或个人限制，并制定出明确的目标；

②拟订行动计划：思考可能达成目标的行动方案，并规划达成目标的流程；

③澄清价值：界定个人的选择标准，作为评量各项方案的依据；

④找出可能的选择：收集资料，找出可能的方法；

⑤评价各种可能的选择：依据自己的标准来评价各种可能的选择；

⑥系统地删除：有系统地删除不合适的方案，挑选最合适的选择；

⑦开始行动：开始执行行动方案。

（二）描述性职业生涯决策模型

描述性职业生涯决策理论描述或解释个体如何从实际生活的职业选项中做出决策，主要有以下几种代表性的研究：

1. 泰德曼的决策历程

泰德曼将整个职业规划决策过程分为两个阶段、七个步骤。

第一阶段：预期阶段，主要任务是做出职业规划决策。该阶段可分为四个步骤：

①试探（Exploration），考虑不同选择方向及可能目标；

②具体化（Crystallization），经过对各种选择方向或目标的优缺点的斟酌，情况逐渐清楚；

③选择（Choice），选定一个能解除目前困扰的目标；

④明确化（Clarification），再审视，修正与调整准备要行动的目标。

第二阶段：实践与适应阶段，是对前一阶段决策的实践和检验，包括三个步骤：

①入门（Introduction），开始执行自己的选择，也是新经验的开始，在新的环境中，争取他人的接纳；

②转化（Reformation），调整步伐与心态，专心一致，肯定在新环境中的角色，全力以赴；

③整合（Integration），个人的信念与集体的信念达到平衡与妥协。

2. 职业生涯决策风格

1968 年，丁克里奇通过访谈研究确定了成人做职业生涯决策时所采用的策略和决策类型。她将个体的教育、职业和个人决策时所采用的风格分为 8 类：冲动型，冲动地选择第一个能够得到的选项；宿命型，直到机会到来时才做决策；顺从型，遵从他人对决策的指导；延迟型，直到最后一刻才做决策；烦恼型，过度收集信息，使用信息时又过度担心；计划型，使用像标准化决策模型所推荐的理性策略；直觉型，因为“感觉到是对的”而做决策，但不能说明原因；瘫痪型，接受做决策的责任，但是感觉过于焦虑而不能对决策做出有建设性的工作。

丁克里奇通过研究发现，所有被试者中，只有 25% 的被试者在决策时使用了计划的或标准化策略，其余人使用了其他六种策略。更有意思的是，有 2/3 的学生稳定地使用同一种策略，另外 1/3 的学生则针对不同情况使用不同策略。

（三）规范性职业生涯决策模型

规范性职业生涯决策模型是在试图弥补标准化职业生涯决策模型和描述性职业生涯决策模型不足的基础上发展起来的，比较有代表性的理论模型是认知信息加工理论。该理论采取规范性观点，规定并提出了个体思考职业生涯决策的几种方式，这些方式将改善个体职业生涯决策的能力。

认知信息加工理论用一个金字塔非常形象地说明了职业生涯决策所涉及的内容如图 7-1 所示。

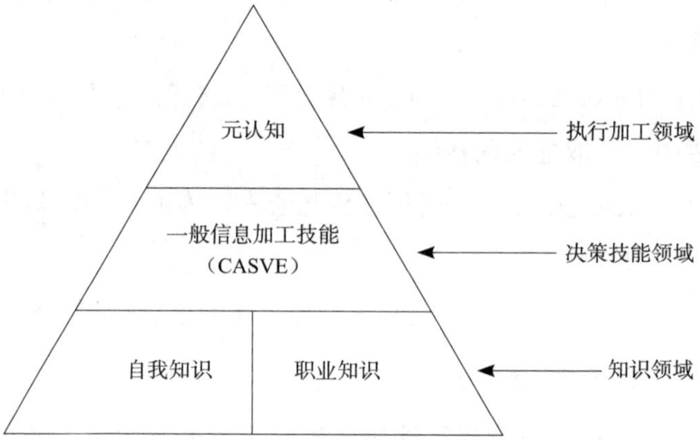

图 7-1　认知信息加工模型

水平一：知识领域包括自我知识和职业知识。自我知识关注“对自我的认识”，职业知识关注“认识我的选择”。它们就像计算机的数据文件，存储在我们的记忆中，构成职业生涯决策的基础。

水平二：认知信息加工理论关注的是如何决策，它就像计算机软件程序从各种文件中获取数据，并按照预先设定的方式使用这些数据。

水平三：认知是一个人为完成一项任务或达到一定目标而投身其中的记忆和思考，是一种思维的过程。元认知是指更高层次的思维。元认知技能是人们思考解决职业生涯问题和制定决策的技能，也就是“对思考的思考”。它就像操作计算机的人，控制和监督职业生涯决策过程，主宰着我们如何思考生涯问题和制定决策。

信息加工金字塔模型的第二水平是职业生涯决策的关键环节，该理论用 CASVE 循环表述个体应该如何做出决策。CASVE 循环由五个要素组成：沟通、分析、综合、评估和执行。职业生涯决策就是这五个要素之间的循环往复的过程如图 7-2 所示。

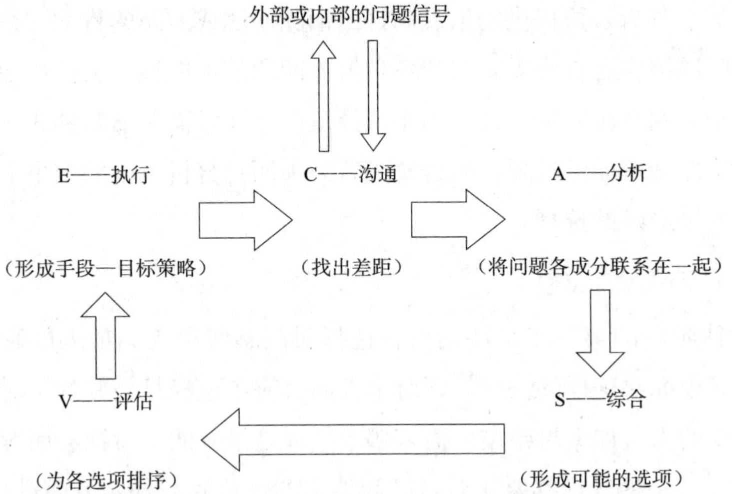

图 7-2　CASVE 五个要素循环

1. 沟通（Communication）

这是一个“个体意识到自己需要做出选择”的阶段。在这个阶段，个体收到了关于理想与现实情境之间存在差距的信息，这些信息可能通过内部或外部的信息交流途径传达给你。内部沟通包括情绪信号，如不满、厌烦、焦虑和失望等，包括身体信号，如昏昏欲睡、头痛、胃部疾病等。外部信息包括就业形势不乐观，如报纸上一篇关于我们所学专业供大于求的文章等。

2. 分析（Analysis）

这一阶段包含三部分：分析问题产生的原因并对问题做出反省，避免冲动、盲目行事。比如，问一些问题：“为什么我会有这样的感受？”“我确实需要做些什么才能解决这个问题？”“做出选择的压力从何而来？”检查自我知识和职业知识领域，改善自己在兴趣、价值观、技能、职业、学习机会、工作组织、行业类型等方面的知识，考虑和分析可能影响职业生涯决策的积极或消极想法。

3. 综合（Synthesis）

这是一个“扩大并缩小选择”的阶段。在这一阶段，需要运用个体综合和加工分析阶段提供的信息制订出消除问题或差距的行动方案。在此阶段，问题解决者首先需要查找各种解决问题的可能性，发散性地思考每个可能的问题解决方法。接着缩小选择范围，通常需要缩减到 3 ～ 5 个选项。为了缩减可能的选项，问题解决者必须回到分析阶段的结果上，挑选出 3 ～ 5 个最好的选择。

4. 评估（Valuing）

评估阶段的第一步是评估每种选择对问题解决者和他人的影响，每个人都必须面对这样的抉择，即对个人而言哪个选择是最好的；对我们生活中重要的人（如父母亲友）而言哪个选择是最好的；对社会而言哪个选择最好。每一种选择都要从对自己和他人的代价和益处两方面进行考察。有些选择是对个人和社会都有利的。

评估过程的第二步是对综合阶段得出的各种选择进行排序。能够最好地消除在沟通阶段所确定的，存在于现实与理想状态之间的差距的那个选择——可能是职业或继续深造，会被排在第一位，次好的选择排第二位，依此类推。

此时，好的问题解决者会选出一个最佳选择，并且做出承诺去实施这一选择。职业决策问题到此就解决了。然而，有时第一选择会因为某些原因而不能成功实现，我们必须转向排在后面的那些选择，所以排第二、第三位的选择也是恰当的备选方案。

5. 执行（Execution）

这是一个“实施我的选择”的阶段。在此阶段，问题解决者将思考转换为行动，实施有助于解决问题的选择方案。执行过程中，个体将考察如何尝试一个选择，看它是否适合自己。有时执行可能涉及志愿工作、兼职工作或参加某一门课程，有时可能是投简历、花时间与某人一起从事一个具体的工作。

6. 沟通再循环

CASVE 循环是一个自身不断循环的过程。在执行阶段之后，个体又回到沟通阶段，以确定已经选取的选择是否是好的——现实与理想状态间的差距是否已经被消除。如果CASVE循环的问题解决过程是成功的，那么原先在沟通阶段体验到的消极情绪就会转化为积极情绪。如果情绪仍然是消极的，那么就需要再次进入CASVE循环。

在问题解决和决策过程中，很多时候人们会很快完成CASVE循环的五个阶段，或者在某个特定的阶段稍有延迟。CASVE模型无论是对解决个人问题还是对解决团体问题都非常有用。用系统的方法思考这五个步骤，能够提供一个有用的工具，使我们成为一个有效率的人。

【训练活动】

【训练情境】

陈某，男，21岁，某高校电气工程及自动化专业大四本科学生，出生在一个普通的工人家庭，父亲在一家电力公司上班，母亲是一位小学教师。上大学前，生活基本上由父母安排，遇到什么事都是由父母做主，除了学习，从不为任何事情操心。高考时，他听从了父亲的建议，填报了电气工程及自动化专业，并被顺利录取，但并不喜欢这个专业，选这个专业是因为父母说好就业，他也因此默认了。大学四年，该同学基本上都是玩过来的，学业只要不挂科就行。虽参加了学生会和一些社团组织，但感觉似乎一无所获。即将毕业，身边的同学忙着考公务员或者找工作，甚至有的已签约了就业单位。现在，陈某还不知道自己要干什么，每天在宿舍里面上网玩游戏。为此，陈某感到很烦闷和焦虑，不知道自己该选择什么样的发展方向。他希望通过咨询，能够找到自己的人生方向，对自己的未来不再迷茫。

【咨询过程】

咨询师：同学，你好！

陈某：老师好！

咨询师：我有什么可以帮助你的吗？

陈某：老师，我马上就毕业了，很多同学都在忙碌着，但是我现在不知道自己要干什么，对自己的未来很迷茫。我曾想过考公务员，或者去找一份工作，但都觉得这些不是我想要的，我觉得很焦虑，老师，你说说我该怎么办啊？

咨询师：每个人在成长路上都会遇到各种问题。毕业时，有准备的大学生会按照自己的计划走，没有准备的大学生会感到不知所措。你遇到的困扰在大学生中也是普遍存在的。

陈某：是的。老师，那我要怎么做才能解决困扰呢？

咨询师：作为一名咨询师，首先，我不能直接给你答案或者帮你做出决定。我们咨询的目的不是直接给出一个结果，而是让你自己去寻找结果，为结果而行动。我们的职业操守是必须尊重来询者的决策自由。正所谓："授之以鱼，不如授之以渔"。这样说，你理解吗？

陈某：哦，有的明白。老师，您是说要教我方法，而不是给我答案，是吗？

咨询师：是的，这样理解也可以。我们每个人在做出选择的时候，都要综合主观条件和客观条件，才能得出答案。而我们在寻求答案的过程中，是可以用一些科学的理论和方法来探索的。你的困扰，我们将在下次咨询中一起深入了解和探索。

陈某：老师，谢谢你，我很期待下次的咨询。

【训练小结】

通过以上活动，你是不是已经了解职业规划决策的实质，认识到决策能力对于创业的重要性，提高决策能力是促进创业实现新成果的重要途径了？如果想要培养大学生职业规划决策能力，就需要加强大学生职业规划决策训练。

单元二　职业规划决策能力训练

【基础知识】

一、大学生职业生涯规划的制定

（一）大学生职业生涯规划的主要原则

目标导向：目标是指在一定期间内达到具有一定规模的期望值。目标对人生有着巨大的导向作用，目标引领未来，目标促进行动。成功在一开始仅仅是一个选择。我们选择什么样的目标，就会有什么样的成就，就会有什么样的人生。

可行性：要使自己的职业生涯规划具有实现的可能，就必须做到以下两点：一是要符合自己的实际情况，即目标符合自己的价值追求、性格、兴趣和特长等；二是要满足社会需求，即职业需求、行业需求、组织需求和家庭需求等。

对以下问题的回答有助于我们对自己职业生涯规划的可行性做出检查：规划师是根据我的个性和特长制定的职业规划吗？环境（社会、行业、家庭）支持我的规划吗？

每个规划目标都必须明确开始的时间和预期实现的时间。如果没有明确的时间限定，就很容易使职业生涯规划陷于无限期的空谈中。大学阶段是一个人职业生涯发展中的重要准备期，因此，在大学阶段为自己选定一个职业规划方向，并对大学生涯进行规划是非常必要的。大学生的职业生涯规划重点应该是对大学期间的学习、生活、社会兼职、社团活动等方面进行合理规划。

（二）大学生职业生涯规划的基本步骤

职业生涯规划是一个周而复始的连续过程，其基本步骤包括：清晰个人生涯愿景；自我评估；评估环境；确定职业规划目标；设定职业生涯发展路线；制订弥补差距的行动方案；实施、评估与修订，如图 7-3。

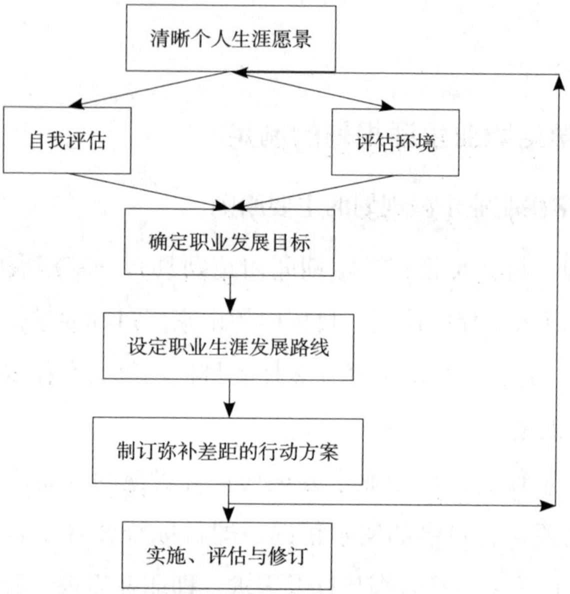

图 7-3　大学生职业生涯规划的基本步骤

1. 清晰个人生涯愿景

在为自己制定职业规划的时候，需要弄明白一个问题——自己到底想过一种什么样的生活，即个人生涯愿景。生涯愿景是个人发自内心的，一生最热切渴望达成的结果，它是一种期望的未来或意象。个人生涯愿景主要包括以下几个方面的内容。

自我形象，即你希望成为什么样的人，假如你可以变成你向往的那种人，你会有哪些特征。

有形财产，即你希望拥有哪些物质财产，希望拥有多大的数量。

家庭生活，即在你的理想中，你未来的家庭生活是什么样的。

个人健康，即对于自己的健康、身材、运动以及其他与身体有关的事情有什么期望。

人际关系，即你希望与你的同事、家人、朋友以及其他人拥有什么样的关系。

工作状况，即你理想中的工作环境是什么样子，你将取得什么样的成就。

社会贡献，即你会对社会做出什么样的贡献。

个人休闲，即你期望拥有什么样的休闲生活。

2. 自我评估

自我评估相当于内在条件评估。自我评估的目的是认识自己、了解自己。自我评估包括评估自己的兴趣、特长、性格、学识、技能、智商、思维方式、思维方法、道德水准以及社会中的自我等。这部分内容可以借助职业心理测评来实现。

3. 评估环境

评估环境相当于外在条件评估。职业生涯环境的评估，主要是评估各种环境因素对自己职业生涯发展的影响。包括分析环境条件的特点、环境的发展变化情况、自己与环境的关系、自己在这个环境中的地位、环境对自己提出的要求以及环境对自己有利与不利的影响等。

4. 确定职业规划目标

确定职业规划目标是指期望在职业规划道路上达到一个什么样的位置，简单地说就是做到什么职位。职业规划目标的设定是职业生涯规划的核心。一个人事业的成败，很大程度上取决于有无正确适当的目标。职业规划目标是以自己的最佳才能、最优性格、最大兴趣、最有利的环境等信息为依据设定的。通常可分为短期目标、中期目标、长期目标和人生目标。短期目标一般为1～2年，短期目标又分为日目标、周目标、月目标、年目标。中期目标一般为3～5年，长期目标一般为5～10年。

5. 设定职业生涯发展路线

个人现在所处的位置与总体目标是有差距的。个人不可能一步就达成总体目标。要完成总体职业规划目标，就必须将总体目标进行分解，分解成一个一个阶段目标逐步完成。下面是一位同学为自己设定的职业规划路线，如图 7-4 所示。

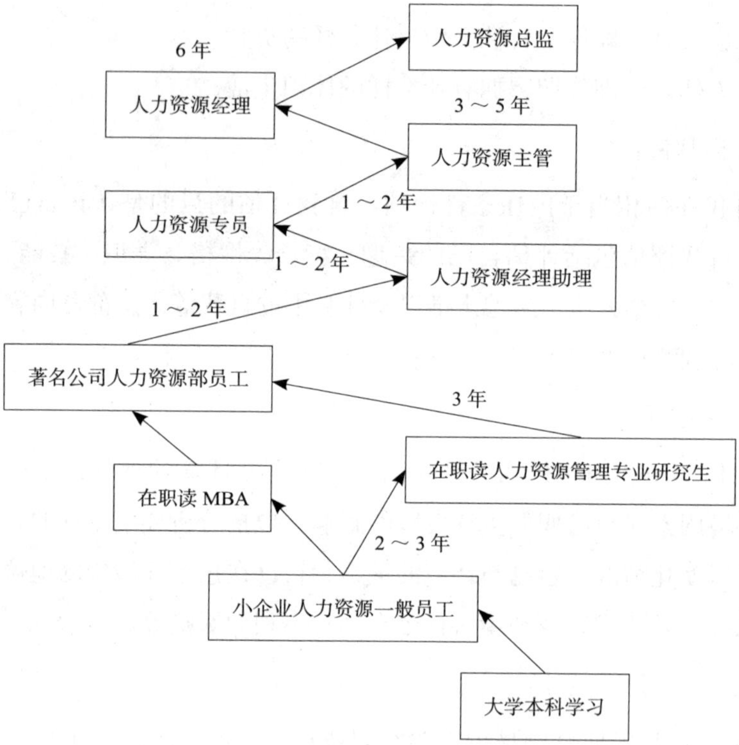

图 7-4　某同学的职业规划路线

大学生毕业后，主要有四条出路：就业、考研、自主创业和出国留学。选择的出路不一样，大学生涯规划的侧重点也是不一样的。

6. 制定弥补差距的行动方案

职业生涯每次质的飞跃，都是以学习新知识、获取新技能为前提的。为了顺利达成目标，个人首先需要对达成目标所要求的条件进行分析，然后对照自己找出差距，并找到弥补差距的具体方法。表 7-1 为某大学生大二下学期弥补差距的行动方案。

表 7-1 某同学弥补差距的行动方案

分类	知识方面	能力方面
达到的效果	通过 CET-6； 提高英语听说能力； 每门专业课程不低于 85 分； 对经济学、管理学有过了解	提高领导力和组织能力； 与专业老师、同学建立良好关系； 锻炼社会实践能力； 锻炼口头和书面表达能力
具体措施	早上 7 点出门读英语半小时，晚上练习听力半小时，做六级试题； 每周五去英语角； 定期看英语电影（每周一次）； 课前预习，课堂认真听讲，积极思考，课后复习整理； 阅读专业书籍 2 ～ 6 本； 选修经济学、管理学公共课	多与专业老师、周围同学交流； 积极参加青协组织的社会实践活动； 课堂积极发言，会上勇于发表意见； 申报课题，撰写学术论文

7. 实施、评估与修订

"心动百次不如行动一次"，规划定好固然好，但更重要的是将规划付诸实践并取得成效。在实施的过程中，还要对职业生涯规划进行评估与修订，从而使规划更加符合自身情况和社会需求，使之更加行之有效。

二、大学生职业生涯规划的实施

（一）大学生职业生涯规划的方法

在工作生活中，我们可能面临着各种各样的选择机会，如毕业后是要考研、工作还是出国深造，是去外企、国企、中小企业，还是创业；是否要参加 TOFLE、GRE 考试；是否要参加学生社团活动；该选哪些选修课，选哪些老师的课；组织活动的过程中应如何对团队成员分工，是否要寻求公司赞助及采用何种方式，等等。这些选择或者是单一的抉择或者是多个选择中只能选一项，再或者是多个选项中的组合选择。在现实面前，我们有时会觉得无所适从，有时甚至认为"如果没有这么多选择就好了"，有时在迫不得已中做出决定，事实证明自己的选择并不是最好的选择，因此多了无穷的懊悔和无助。

决策作为一种面对多种选择时所做的抉择，包括判断和抉择两个部分。尽管好的决策并不完全等同于会有好的结果，但是可以大大提高好结果的概率。在一个充满风险的社会中，你如果具备顺利进行决策的能力，就能够自如地运用多重选择决策方法，做出对个人或团队未来发展的更有价值的决定。决策的方法很多，本次课程主要介绍在个人职业规划过程中使用比较多的两种方法：SWOT 分析法和决策平衡单法。

1. 何为 SWOT 分析

在本章内容中，我们要学习一种管理学，特别是战略学中非常著名的分析方法—— SWOT 分析法，这种分析方法有利于我们决策。

SWOT 分析法最早用于企业战略分析，是用来确定企业自身竞争优势、竞争劣势、机会和威胁，从而将公司的战略与公司内部资源、外部环境有机结合起来的一种科学的分析方法。

SWOT 来自优势（Strengths）、劣势（Weaknesses）、机会（Opportunities）、威胁（Threats）四个英文单词的首字母组合。所谓 SWOT 分析，指的是在四个维度上进行分析，然后通过矩阵式交叉分析，找出适合自己的基本策略。

与其他分析方法相比较，SWOT 分析从一开始就具有显著的结构化和系统性特征。就结构化而言，首先，在形式上，SWOT 分析法表现为构造 SWOT 结构矩阵，并为矩阵的不同区域赋予了不同分析意义；其次，在内容上，SWOT 分析法的主要理论基础也强调从结构分析入手对企业的外部环境与内部资源进行分析。

优势与劣势分析（SW）。由于企业是一个整体，并且因为竞争优势来源的广泛性，所以在做 SWOT 优劣势分析时必须从整个价值链的环节上，将企业与竞争对手做详细对比，如产品是否新颖，制造工艺是否复杂，销售渠道是否畅通以及价格是否具有竞争性等。需要指出的是，衡量一个企业及其产品是否具有竞争优势，只能站在现有潜在用户的角度上，而不能站在企业的角度上。

机会与威胁分析（OT）。比如当前社会上的盗版威胁，盗版替代品限定了公司产品的最高价。企业需要分析：替代品给公司产品或服务带来的是灭顶之灾还是更高的利润或价值；购买者转而购买替代品的转移成本；公司可以采取什么样的措施来降低消费者购买盗版替代品的风险。

整体分析 SWOT。从整体上看，SWOT 可以分为两部分：第一部分为 SW，主要用来分析内部条件；第二部分为 OT，主要用来分析外部条件。利用这种方法可以从中找出对自己有利的因素和不利的因素，发现存在的问题，找出解决办法，并明确以后的发展方向。根据 SWOT 分析，可以将问题按轻重缓急分类，哪些是急需解决的，哪些是可以稍微解决的，哪些是战略上的，哪些是战术上的，将这些研究对象列举出来，依照矩阵形式排列，然后用系统分析的方法，把各种因素相互匹配加以分析，从中得出一系列相应的结论。结论通常带有一定的决策性，有利于领导者和管理者做出较为正确的决策和规划。

SWOT 分析矩阵是伦德等提出的一种全面分析组织外部环境变化和内部资源条件，从而寻找适宜外部环境变化和内部资源条件的满意战略组合的一种分析工具。使用 SWOT 矩阵进行分析的方法称为态势分析法，如图 7-5 所示。

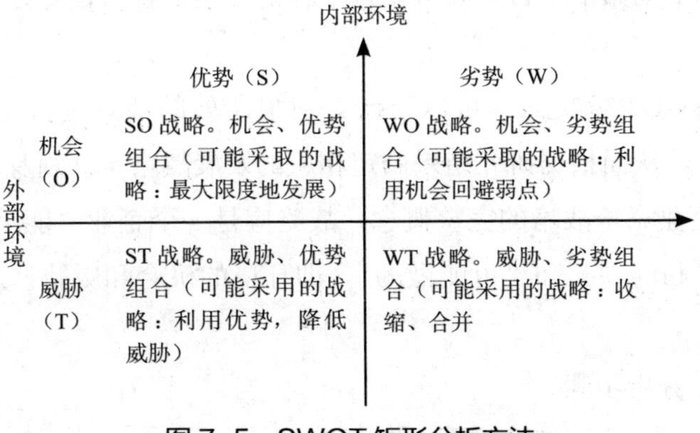

图 7-5　SWOT 矩形分析方法

2. SWOT 分析法的运用

SWOT 分析法常常被用于制定集团发展战略和分析竞争对手情况。在战略分析中，它是最常用的方法之一。运用各种调查研究方法，分析公司所处的各种环境因素，即外部环境因素和内部环境因素。外部环境因素包括机会因素和威胁因素，它们是外部环境对公司的发展直接有影响的有利或不利因素，属于客观因素；内部环境因素包括优势因素和弱点因素，它们是公司在其发展中自身存在的积极和消极因素，属于主动因素。在调查分析这些因素时，不仅要考虑历史与现状，而且要考虑未来发展问题。

优势，是组织机构的内部因素，具体包括：有利的竞争态势；充足的财政来源；良好的企业形象；技术力量；规模经济；产品质量；市场份额；成本优势；广告攻势等。

劣势，也是组织机构的内部因素，具体包括：设备老化；管理混乱；缺少关键技术；研究开发落后；资金短缺；经营不善；产品积压；竞争力差等。

机会，是组织机构的外部因素，具体包括：新产品；新市场；新需求；外国市场壁垒解除；竞争对手失误等。

威胁，也是组织机构的外部因素，具体包括：新的竞争对手；替代产品增多；市场紧缩；行业政策变化；经济衰退；客户偏好改变；突发事件等。

运用 SWOT 分析法，可以对研究对象所处的情景进行全面、系统、准确的研究，从而根据研究结果制定相应的发展战略、计划及对策等。

按照企业竞争战略的完整概念，战略应是一个企业“能够做的”（即组织的强项和弱项）和“可能做的”（即环境的机会和威胁）之间的有机组合。

SWOT 分析步骤：

第一步：评估自己的优势（Strengths）和劣势（Weaknesses）

——内部分析（兴趣、价值观、性格、技能等）

Strengths：________________________________

Weaknesses：______________________________

第二步：找出机会（Opportunities）和威胁（Threats）

Opportunities：____________________________

Threats：_________________________________

第三步：构造 SWOT 矩阵

将调查得出的各种因素根据轻重缓急或影响程度等排序方式，构造SWOT 分析矩阵。如表 7-2 所示。

表 7-2 SWOT 分析矩阵

内部	优势 S	劣势 W
外部	机遇 O	挑战 T

（二）大学生职业生涯规划的策略

确定大学生涯目标。大学生涯最常见的目标是就业、考研和自主创业。根据自己的个人因素、家庭因素以及学校和社会因素、专业发展前景、社会政治经济形势等确立自己的大学生涯目标。

克服大学生涯规划实施中的阻力。①目标设置不合理：目标没有对错之分，适合的就是最好的。如果选定的目标不合理，那就已经失败了一半。②制定目标的当事人缺乏执行力：人生道路上的胜负，取决于毅力换来的成绩。③目标实现的外在条件不具备或者发生改变：外在条件虽然有不可控制性，但它毕竟要通过内部条件才能起作用，人是有主观能动性的，人们不仅可以利用与改造外部条件，还可以创造条件实现目标。

【训练活动】

【训练情境】

小王目前为某高校会计专业大三学生，家在中部某省会城市，父亲是律师，母亲是医生，家中还有一个弟弟。大学入学后小王很快脱颖而出，学习成绩名列前茅，担任院学生会副主席、分团委副书记等职务，多次获得学校一等奖学金，并于2018年获得省优秀学生干部荣誉称号。业余时间还参加社团和社会公益活动，是德智体美劳全面发展的学生。

小王参加了学校组织的大学生职业生涯规划大赛，做了认真的思考与准备，但还是感觉思路不是很清晰，目前仍有困惑。一是在学习过程中发现自己不是特别喜欢会计专业，觉得自己的性格、学习风格、活动爱好都十分倾向社会工作、行政管理类职业。于是她希望自己毕业后向社会工作、管理类工作发展，但又担心自己在这类职业上的竞争力不够，同时又想从事新闻工作或记者职业，希望有人点拨。二是对自己的学校一直不太满意，想通过考研或者出国留学提升自己的学历，另外也想考自己感兴趣的行政管理或新闻类专业研究生，为自己的将来发展打下坚实的专业基础。同时，小王也认为考研要投入很长时间的学习，如果选择新闻专业考研，跨专业考试，把握也不是很大，如果考不上，可能会错过好的工作机会，所以她不知该如何作决定。

【咨询过程】

为了更客观地帮助小王了解自我，职业咨询师安排小王进行职业倾向标准化测试，通过对测评结果分析，了解小王的职业兴趣、性格、价值观和技能。测试结果显示，小王的霍兰德代码是SAE，根据《大学入学考试中心兴趣量表》，SAE代码女生的相关科系是餐饮旅游管理、服务事业管理、观光休闲事业管理、航空服务管理、金融保险管理等。

通过对兴趣、性格、价值观和技能方面的探索和综合分析，小王对自己有了进一步的了解。概括如下：小王择业时希望选择为他人服务、帮助他人，能施展个人才华的职业；她进取意识强，善于自我反省，具有团队精神，在人际交往与语言表达方面能力突出。同时霍兰德职业测评工具对小王的职业生涯规划给出了如下建议：可从事教师、导游、咨询人员、公关人员、临床心理、就业指导顾问、护士和律师、经理、推销员、主持人、宣传人员、营销管理人员、法官、社会活动者，摄影工作、广告制作人、记者、演员等。

因为在咨询中，小王曾提出想从事行政助理或新闻职业，又觉得自己学的是会计专业，从事会计方面的工作有专业基础，比较有竞争力。因此，在咨询结束的时候咨询师给她布置了一个作业，让她做职业探索，告诉她可以通过帕森斯的特质因素理论、文献检索等方式进行分析。

【案例分析】

职业生涯规划咨询是面对来访者在职业定位、职业规划等方面遇到的问题，运用咨询技术和方法，协助来访者进行自我探索，寻找解决问题的方法。本案例根据来访者的职业困惑，有针对性地运用了职业生涯规划相关理论，采取了合理的咨询技术，较好地完成了咨询。本案例利用了职业测评技术，但咨询中职业咨询师只是将测评结果作为参考，更多地采用了职业咨询的非正式评估技术去帮助来访者进行自我评估。正式与非正式评估的结合更加有效地促进了咨询效率的提高。

【训练小结】

职业生涯规划咨询是一项专业工作，需要心理学、职业规划理论等相关知识和技巧，咨询者要熟练掌握职业生涯发展的理论和模型，并根据不同人群、不同年龄、不同问题选择合适的理论和模型。咨询效果取决于规划师和来询者双方。在咨询的过程中，要时刻以咨询者为中心，如果咨询者不能很好地配合，即使规划师再努力，咨询效果也可能不明显。生涯规划咨询是指导学生科学规划职业生涯、提高职业规划决策能力的有效方法。高校可加大该项工作的力度，注重加强专业师资队伍建设，尤其要促进辅导员在职业咨询、指导方面的专业化发展。

单元三　职业规划决策能力应用

【基础知识】

一、霍兰的六种人格类型

霍兰创立的“人格—职业”类型匹配理论，把人格类型划分为六种，即现实型（R）、研究型（I）、艺术型（A）、社会型（S）、企业型（E）和常规型（C）。

1. 现实型（R）

共同特点：愿意使用工具从事操作性工作，动手能力强，做事手脚灵活，动作协调。偏好于具体任务，不善言辞，做事保守，较为谦虚。缺乏社交能力，通常喜欢独立做事。

典型职业：喜欢使用工具、机器，需要基本操作技能的工作。对要求具备机械方面才能、体力或从事与物件、机器、工具、运动器材、植物、动物相关的职业有兴趣，并具备相应能力。如技术性职业（计算机硬件人员、摄影师、制图员、机械装配工），技能性职业（木匠、厨师、技工、修理工、农民、一般劳动）。

2. 研究型（I）

共同特点：思想家而非实干家，抽象思维能力强，求知欲强，肯动脑，善思考，不愿动手。喜欢独立的和富有创造性的工作。知识渊博，有学识才能，不善于领导他人。考虑问题理性，做事喜欢精确，喜欢逻辑分析和推理，不断探讨未知的领域。

典型职业：喜欢智力的、抽象的、分析的、独立的定向任务，要求具备智力或分析才能，并将其用于观察、估测、衡量、形成理论、最终解决问题的工作，并具备相应的能力。如科学研究人员、教师、工程师、电脑编程人员、医生、系统分析员。

3. 艺术型（A）

共同特点：有创造力，乐于创造新颖、与众不同的成果，渴望表现自己的个性，实现自身的价值。做事理想化，追求完美，不重实际。具有一定的艺术才能和个性。善于表达、怀旧、心态较为复杂。

典型职业：喜欢的工作要求具备艺术修养、创造力、表达能力和直觉，并将其用于语言、行为、声音、颜色和形式的审美、思索和感受，具备相应的能力。不善于事务性工作。如艺术方面（演员、导演、艺术设计师、雕刻家、建筑师、摄影家、广告制作人），音乐方面（歌唱家、作曲家、乐队指挥），文学方面（小说家、诗人、剧作家）。

4. 社会型（S）

共同特征：喜欢与人交往、不断结交新的朋友，善言谈，愿意教导别人。关心社会问题，渴望发挥自己的社会作用。寻求广泛的人际关系，比较看重社会义务和社会道德。

典型职业：喜欢要求与人打交道的工作，能够不断结交新的朋友，从事提供信息、启迪、帮助、培训、开发或治疗等事务，并具备相应能力。如：教育工作者（教师、教育行政人员），社会工作者（咨询人员、公关人员）。

5. 企业型（E）

共同特征：追求权力、权威和物质财富，具有领导才能。喜欢竞争、敢冒风险、有野心、抱负。为人务实，习惯以利益得失、权利、地位、金钱等来衡量做事的价值，做事有较强的目的性。

典型职业：喜欢要求具备经营、管理、劝服、监督和领导才能，以实现机构、政治、社会及经济目标的工作，并具备相应的能力。如项目经理、销售人员，营销管理人员、政府官员、企业领导、法官、律师。

6. 常规型（C）

共同特点：尊重权威和规章制度，喜欢按计划办事，细心、有条理，习惯接受他人的指挥和领导，自己不谋求领导职务。喜欢关注实际和细节情况，通常较为谨慎和保守，缺乏创造性，不喜欢冒险和竞争，富有自我牺牲精神。

典型职业：喜欢要求注意细节、精确度、有系统有条理，具有记录、归档、据特定要求或程序组织数据和文字信息的职业，并具备相应能力。如：秘书、办公室人员、记事员、会计、行政助理、图书馆管理员、出纳员、打字员、投资分析员。

二、大学生职业规划决策应用

获得最理想的职业规划目标，需要认真地对自己进行完全剖析，需要自己认真制定职业规划决策。职业规划决策是职业生涯规划中的前导部分，决策制定的可行与否，直接决定着职业生涯规划是否成功。

（一）“5W”了解职业规划决策前的你

Who are you? 即对自己有一个深刻反思，一个清醒认识，列出自己的优点和缺点。

What do you want? 即对自己职业规划的一个心理趋向检查。

What can you do? 即对自己能力与潜力的全面总结。

What can support you? 即当地当时的各种状态、主观方面的一些积极因素。

What you can be in the end? 即自己最终的职业目标是什么。通过对上面四个问题的回答，第五个问题的答案就可以得出来了。

（二）了解自我职业风格特征

职业风格包括性格、气质和情绪三大方面。性格体现了人们个性的社会属性，是人们在后天的社会实践中逐渐形成的。气质是心理品质的外在表现，体现了个性的生物属性，受遗传和先天因素的影响较大。情绪是使生活丰富多彩的催化剂。

性格是指人的一贯和稳定的心理特性、思维方式和行为特点。性格本身无所谓好坏，任何性格特点都具有两面性。在具体的职业活动中，性格就可能会有价值评价的含义。我们每个人在职业选择和设计时应该考虑到自己的性格特点。一个人长时间从事某项工作也会塑造其性格特点。所以，尽管性格不是一个人做职业规划决策的关键因素，但如能“顺”着自己的性格去发展，则更容易达到如鱼得水的境界。

气质是指不以活动目的和内容为转移的典型的、稳定的心理活动特性，具体表现为心理活动的速度、强度和灵活性方面的特征。气质是很难改变的个人特性。气质没有好坏之分，任何一种气质类型在某一情况下都可能具有积极意义，而在另一情况下则可能具有消极意义。

情绪是对感情性心理活动的体验和感受，是体验和感受状态的活动过程。人们的生活因为能体验到各种各样的情绪而变得丰富多彩。不同的职业对情绪特点的要求也会有很大差异。而且，很多职业都对情绪稳定性有一定要求。

【训练活动】

【训练情境之一】

小王，女，上海某高校大四学生，成绩优秀，综合素质高。家庭情况：来自四川一个小县城，家境普通，独生子女。大四开始找工作时，小王应聘了不少职位，其中包括一些知名外企，因为小王特别想去外企工作。但是找了几个月，结果不甚理想，大公司经过几轮面试，最终没录用她，小公司她又不是很想去。后来，小王在父母的动员下，抱着试一试的心态，参加了家乡县城的公务员考试，同时她仍不放弃在上海找工作，继续投简历、努力准备面试。毕业前两个月，她被告知考取了家乡县城的公务员。小王正为此感到高兴时，又有一好消息传来，上海的一家知名外企给她发了录用函。高兴之余，小王开始左右为难了。她比较了两份工作：外企工作是自己之前一直期望的工作，工资较高，专业对口，但是工作忙，压力大，所在城市生活成本高；公务员工作相对轻松、稳定，离家近，父母都支持，但是工资没有外企高，与所学专业关联不大，发展空间不大。面对这种职业两难处境，小王该怎样做决策呢？

【训练情境之二】

请学员根据自己的实际情况，在下列两难问题中选择一个，运用平衡单法做出决策。

A. 考研或工作　　　　B. 国内读研或出国留学

C. 留在上海工作或回老家（或其他地方）工作

D. 外企工作或国企工作　　　　E. 其他两难问题

【训练小结】

决策平衡单经常被应用于问题解决模式和职业咨询中，以协助来访者有系统地分析每一个可能的选项，判断各选项的利弊得失，然后依据其在利弊得失上的加权计分排定各个选项的优先顺序，执行最优先或偏好的选项。

下面，请学员对照平衡单（表 7-3），假设自己是上述情境中的小王，思考如何使用平衡单来做出职业规划决策？

主要步骤如下：

①列出职业选项：公务员和外企。

②判断两个职业选项的利弊得失：平衡单中提供来访者思考的重要得失，集中于四个方面，分别是：个人物质方面的得失、他人物质方面的得失、个人精神方面的得失、他人精神方面的得失。每方面的得失根据实际情况包含不同考虑因素，请逐一选择你的考虑因素，并以“+10”至“1”来衡量两个职业选项。分数越高，表示你在该项考虑因素上的所得越多。

③各项考虑因素的加权计分：各个方面的利弊得失之间，会因身处于不同情境而有不同的考量。因此，在详细列出各项考虑因素之后，再进行加权计分，根据你对该项考虑因素的重视程度，由低到高分别乘以 1 ～ 5 倍分数。

④计算出两个职业选项的得分：分别计算两个职业选项的加权计分与累加总分。

⑤比较两个职业选项的总分高低，作为职业规划决策的依据。

【交流与分享】

决策平衡单综合考虑了个人的价值观和职业评价，能够帮助我们在难以抉择的情况下做出取舍，有助于提高我们的决策能力。平衡单的用途并不仅限于职业选择，在平时的生活中也十分有用。日后面临需要决策的情景时，我们可以利用决策平衡单进行理性选择。当然，决策平衡单只是帮助我们思考的一种工具，不能代替我们做决策。当我们面临复杂的问题时，除了平衡单，还需要借助其他的决策方法，并且综合考虑各种因素来解决问题。

附：决策平衡单

决策平衡单（见表 7-3）考虑因素：

个人物质方面的得失：①收入；②工作的难易程度；③升迁的机会；④工作稳定性；⑤休闲的时间；⑥社交范围；⑦对健康的影响；⑧未来发展空间；⑨工作地消费水平；⑩其他。

他人物质方面的得失：①家庭经济；②家庭地位；③与家人相处的时间；④其他。

个人精神方面的得失：①生活方式的改变；②成就感；③自我实现的程度；④兴趣的满足；⑤挑战性；⑥社会声望的提高；⑦其他。

他人精神方面的得失：①父母；②师长；③配偶 / 恋人；④其他。

表 7-3　决策平衡单

考虑因素	权重（1～5）	选择 1（　）		选择 2（　）	
		打分（1～10）	加权得分	打分（1～10）	加权得分
总分					
个人物质方面的得失					

续表

考虑因素	权重（1～5）	选择 1（ ）		选择 2（ ）	
		打分（1～10）	加权得分	打分（1～10）	加权得分
他人物质方面的得失					
个人精神方面的得失					

续表

考虑因素	权重（1～5）	选择1（ ）		选择2（ ）	
		打分（1～10）	加权得分	打分（1～10）	加权得分
他人精神方面的得失					

【训后实践】

职业规划决策是一个系统性的工作，对于绝大多数学生而言，如果不经过系统性的教育，是不可能具备这种能力的。因此，必须尽快建立起一个系统性的解决机制，将职业规划决策教育与课程教育相结合，从而在潜移默化中培养学生的职业规划决策能力。

首先，加强职业规划决策指导系统的开发建设。学校可结合本校现实状况，理论联系实际，开发校本课程。完善的职业测评系统能为学生提供自我测评机制，帮助学生顺利地做出职业规划决策。通过职业规划决策指导系统的开发建设，可以强化大学生积极乐观的态度，提高其解决问题的能力，增加其决策的信心信念，加大其对自身的探索发掘，引导大学生以积极上进的心态去行动，做出职业规划决策决定，从而实现顺利就业。

其次，职业团体辅导与个体咨询相结合。通过与每位学生谈心交流，促使学生合理规划自己的职业方向，确立人生发展目标，沿着正确的发展方向前进。大学生在生理、心理等方面存在很大的差异，每个大学生职业规划决策能力的发展是不平衡的，因此需要因人而异，实施个性化的职业规划决策指导。采用个体咨询的方式能够解决学生在职业生涯规划和日常生活学习中遇到的困惑，促使他们正确做出职业规划决策。个体咨询方式与职业团体辅导相互结合，可以最大限度地满足学生个体发展的需求，尊重学生自身的独特性和差异性，解决学生在职业规划决策中的实际问题及心理困惑。

最后，鼓励在家人支持下多参与实践活动。根据霍兰德职业兴趣六边形理论，须找到与自己的性格、兴趣、价值观、能力等方面相吻合的工作才能充分发挥自己的潜能。这就需要大学生对自己有客观、全面的认识，参加社会实践活动有助于学生确定自己的职业兴趣，以达到人职匹配。大学生自身需要与家人积极沟通，得到他们的支持、理解和帮助。作为家人需要运用自身丰富的生涯阅历和智慧，引导孩子客观地认识外部工作环境和自己的优缺点，必要时给予指导分析，支持孩子做出适宜的职业规划决策。

第八章　大学生创新力与决策能力培养

【训练导言】

无论是决策的确定还是实施，每一个过程都离不开人的思维，决策者的思维方式与方法，直接关系决策水平的高低。创新思维是人类思维的最高表现。在思维的类别中，创新思维与常规性思维相对，创新思维是指综合运用各种思维形式和方法，提出新颖、独创的方法解决问题的思维过程。在创新思维的驱动下，人类不仅能揭示客观事物的本质及规律，而且能使物质文明和精神文明得到极大程度的提高。当前，社会变革迅猛，要跟上时代步伐，创新思维方式尤为重要。因此，领导者思考问题必须摆脱常规思维的束缚，以思维创新带动思路创新，以思路创新促进工作创新，不断增强开拓创新的意识。与时俱进、创新思维，从而形成具有长远制胜优势的科学决策。

本章主要为大学生创新力与创新思维决策的实训，通过创新思维内容介绍、创新意识培养以及创新思维与决策能力提升介绍，运用创新思维方法，通过思维的灵活转换，培养大学生在决策中充分发挥自身的创新潜能，全面开发大学生的创新潜力。

【训练目标】

创新思维又可以叫作创新思考，是人类思维活动之一。人头脑中的创新思考是人的一切创新活动的基础。

通过学习和训练，了解创新思维理论、创新思维特征和运行过程以及基本的创新思维训练方法。了解创新思维，掌握基本创新思维的训练方法。

通过训练了解思维枷锁是一种思维模式，是表现出来的思维定式。这种思维定式能构成创新思维的障碍。了解思维枷锁的主要原因及主要的思维枷锁类型。

认识到制定决策与修正决策的顺序。通过拓展创新思维视角，开展创新思维的柔软性、观察力、分析力、推理力、持久力、飞跃力训练等技术性方法训练，提升大学生创新思维水平和领导决策能力。

【训练案例】

一、案例基本情况和分析：田宁为什么会成功?

田宁，男，1977年9月出生，2000年毕业于浙江大学动物科学学院，现为浙江盘石信息技术有限公司董事长兼首席执行官。他从大三开始草根创业，先后成功创办了杭州盘石计算机网络技术有限公司和浙江盘石信息技术有限公司，并分别成为计算机销售和互联网行业中的佼佼者，先后被聘为团中央光华基金会青年创业导师、杭州大学生创业俱乐部主席，是当代大学生创业的成功典范。

目前，盘石公司已经为近万家中小企业提供了优质的网络营销服务，并成为我国致力于中小企业互联网广告营销领域前3名的企业，同时也成为浙江省内继阿里巴巴后的第二大互联网企业。如今，盘石公司有正式员工2400多名，2010年IT营业收入超过20亿元，并继续保持稳定增长势头，旗下的盘石信息技术有限公司已经成为中国互联网广告行业数一数二的行业领军标杆。田宁也因此赢得了“新锐CEO”“小马云”的美誉。

创业在创意中萌芽

田宁考入浙江大学时，所学的专业并不是信息技术，而是动物科学。

大学期间，除了热衷组织校区各种活动外，他还倒卖过玉佩、随身听、耳机等小玩意，算是积累了一点“生意经”。

1999年，全球掀起互联网热潮。网络新贵一夜暴富神话让许多大学生跃跃欲试。田宁心想：学生高考及雅思等查分需要很长时间，如果能专门建一家网站，能在第一时间查出各种成绩，岂不是件大好事？为此，他还暗自算了一笔账：查一次，收费5元，全省乃至全国每年参加各类统考的人数达数百万人，这可是一笔不小的收入！

他把这笔账绘声绘色算给同学听。终于，有两位同学被他说动，决定跟他一起干。按照平均原则，每人出资3万元，田宁又跑到杭州灵隐街道科协“化缘”到1万元，凑足了10万元注册资金。就这样，浙江省第一个大学生开办的公司——浙江大学盘石计算机网络技术有限公司开张了。

创业在坚持中起步

万事开头难，由于3人学的都是动物科学，并不懂计算机，公司开张后，就碰到一个无法逾越的障碍——租服务器，10万元启动资金如同杯水车薪。田宁四处奔走，鼓动别人投资，但以碰壁告终。

碰了一鼻子灰后3人坐下来商量，最终决定，“软的不行来硬的”，于是3人来到教工路电子市场，想租场地卖电脑，可一问房租，当即被吓了回去。无奈之下，田宁拿着学生证，壮着胆子去找市场负责人。市场负责人被田宁说动，把靠洗手间边的一个摊位免费给了他们。拿到摊位，并没有让田宁高兴多久。他很快发现，这里是个死角，每天顾客总共不会超过3个。

田宁却不放弃任何一个机会。没有钱进货，他们就在市场打烊后专捡人家丢弃的包装盒，码得整整齐齐，制造货源充足的假象。经过一段时间的调研，他们推出一项特色服务，就是组装机3年保修和上门服务。由于购买组装机享受到了品牌机的服务，这使原本门可罗雀的摊位逐渐热闹起来。不到半年，田宁就转到月租金2万元的好摊位。再过了半年，田宁终于进入了颐高电脑城，在3楼开了占地400多平方米的杭城首家电脑大卖场。

创业在创新中成长

到了2004年，正当电脑生意蒸蒸日上之际，田宁却选择了离开，毅然辞掉了原来的董事长职位，单枪匹马开辟了自己的新战场。原因只有一个——他要圆自己的“网络梦”。

认准了方向的田宁，在家人和朋友的反对和劝阻声中，于当年11月创办了浙江盘石信息技术有限公司。他给公司的定位是：以精准、定向网络营销分析技术为基础，做企业网络营销服务提供商。

“在企业无法决定时，我们可以提供企业网络营销全面解决方案，通过精准、定向的网络传媒，帮助企业将其广告准确地传播给目标客户群。当企业成为我们的客户时，我们可以提供企业网络广告投放效果评测服务报告，以及企业所需的所有网络广告全程投放与监控，直接与企业建立One For One（一对一）式的服务关系，为企业提供及时和高品质的网络营销服务。”田宁解释说。

几年的努力终于获得收获，如今的盘石公司已经形成了稳定客户群。公司拥有的会员客户超过了5000家，并且还在快速增长。

创业在追求梦想中成熟

每天，田宁8点前就会赶到办公室，晚上他往往最后一个离开办公室，为的不是别的，就是他的梦想。“我有太多事情要做了。这可能跟一个人的个性有关，做企业，一旦做了，就停不下来。”田宁如此忙碌，还因为他总是为自己订立下一步的目标。

田宁的底气来自他在不断创新中积累的实力。他的公司目前已经成为国内拥有精准定向网络媒体资源最丰富、最集中的企业网络营销第三方提供商。不过田宁的目光现在放得更远：“未来公司将通过精准定向的网络广告资源整合，去帮助更多的中小企业充分利用网络广告，成为互联网广告业的领军者。”

田宁的兴奋，是因为他始终认为自己所选择的是富有前景的行业。如今，田宁的梦想越来越清晰：未来五年，盘石将实现服务超过10万中小企业的目标，不仅成为中国互联网广告业的持续领跑者，还将成长为世界知名的互联网广告公司。

二、案例分析和启示

案例分析：

结合案例说出田宁在创业过程中的所有创新点，以及假如让你创业，你有什么创新点。可以分为分组发言阶段、互动讨论阶段和分析点评阶段三个环节。具体步骤包括：

全班分为6个小组，每小组5人，其中一人为主持人。（事先要对主持人进行简短的培训）。

①每个参与者独立地将个人的意见和看法记录下来。

②每个小组成员在A4纸上写出案例所涉及决策过程，并展开分析。

③每个参与者轮流提出各自意见，并公布出来，在全部意见写完之前不能相互讨论。

④每个小组主持人总结本组意见，准备发言。

⑤小组主持人负责分配每个讨论环节任务和相关人员，准备与其他组成员展开讨论。

⑥训练师对案例中的创新点做出点评与总结，并对每一组优缺点做出评价，指出进一步努力方向。

反思与交流：

①你认为在日常生活中，如何将自身的创新潜能激发出来？

②自己和小组其他成员提出的创新观点，是否具有实践的可能性？

③创新点挖掘与总结。各小组对本组工作的创新点进行总结，并组织交流经验。

案例总结：

俗话说，处处留心皆学问。田宁的成功首先在于他是一个有心人，事事处处留心，关心身边的事，关心社会的变化，观察每一个意外的“机遇”。“偶然的机遇”只能给那些时刻准备着的人，给那些具有创新精神的人。从田宁的“成长”轨迹来看，他的创业更是一种在日常学习、工作和生活中自觉地进行思考、推理和行动的方式。创业不仅仅是创办新企业，不仅仅是赢得利益，不仅仅是企业做出品牌，而是用创新的思维、创新的能力和创造的实力去开创各类事业的新局面，在各行各业开创新事业。

单元一　创新思维与创新力

【基础知识】

一、创新思维理论回顾和意义

“人人是创新之人”，揭示出创新力不是极少数天才所具有的特殊天赋，而是人人都具有的创新潜力，同学们大可不必担心自己没有创新力。为什么你的创新能力被抑制？虽然每一个人都具有创新潜力，但是这种创新潜力只有通过教育、训练以及创新实践活动才有可能被开发，并能够得到显著提高，因此开发自身的创新潜力意义重大，迫在眉睫。

创新思维是人类思维活动之一，又可以叫作创新思考。人头脑中的创新思考是人的一切创新活动的基础。我们常常能听到这样的说法：“某某人的脑袋好使”，或者“某某人脑袋不好使”。那么是不是学历高、书读得多、知识丰富、考试成绩好的人智商就一定高呢？答案是否定的。这要看他想的是什么问题。如果是老问题，常规问题，知识丰富的人思考起来确实要快，但是如果是创新性的、非常规的问题，那么知识丰富的脑袋也可能不好使。因为知识丰富的人不一定善于创新思考。思考过程的具体思路总是与思考的具体内容结合起来的，思考方法是从众多的具体问题的思考过程中抽象出来，又能运用于其他众多具体问题的一般性思路。

（一）生理学依据

大脑的重量只占人体总重量的 2%。但是，通过脑的血流约占心脏输出量的 1/6，其耗氧量占人体总需氧量的 1/5，脑所需要的能量占人体需要总能量的 20%。

人脑复杂到什么程度呢？我们可以用一个比喻说明。有人估计，人脑在 10 秒钟内接收到来自眼睛、皮肤、听觉、嗅觉和味觉等处的信息如果换算为电脑通常使用的单位——“比特”，则有 1000 万比特之多。

人的大脑是中枢神经的重要组成部分，它很像一个核桃仁，正中有一道纵沟，把大脑分成左右两个半球，半球的表面有很多皱壁。大脑两半球的表面层叫作大脑皮层，它含有大的神经细胞，是人进行记忆、分析、判断等思维活动的神经系统的中枢。有人认为尺寸大的人脑（也就是天才的大脑）神经细胞多，而普通人的就比较少。那么，天才的脑神经细胞数量到底是不是比普通人的多呢？其实不然。无论是天才还是普通人，男人还是女人，大人还是小孩，他们的大脑大体上来说大约都有 140 亿个脑神经细胞。也就是说，每个人拥有的用于创新的物质基础是相当的，换言之，我们彼此的起点是相同的。

如果把每个脑神经细胞看作一只晶体管，就需要上万台计算机的芯片，才能相当于人脑神经细胞单元的数量。根据芝加哥大学的神经学家丁赫里克计算，140 亿个脑神经细胞相互之间发生沟通，可以有 102783000 个组合，这可是一个天文数字，是人成为万物之灵的基础。大脑左右半球各有分工。大脑主宰人的行为，从生理构造上来讲，大脑两半球既相对独立，又相互联系，那么它们有没有分工？人们早就发现，如果大脑左半球受到损伤，身体的右半边就会瘫痪；右半球受损，左半边就会瘫痪。说明大脑两半球对半边身体各拥有生理学方面的支配能力，那大脑两半球对人的智力活动是否也有不同的支配作用呢？美国神经生理学家斯佩里通过对人脑的大量实验，发现大脑两侧半球在功能上显著不同，这一研究成果荣获 1981 年诺贝尔生理医学奖。斯佩里发现：大脑左半球偏重于语言、概念、数字、分析、逻辑推理等功能；大脑右半球偏重音乐、绘画、空间几何、想象和综合等功能；正常人的心理活动是左右脑“分工合作”的结果。人的大脑潜力巨大，担心自己的大脑不够用，显然是多余的了。因此，合理开发自己的大脑，是提高素质的一个极其重要的方面。

创新潜力是一种心理潜能，心理潜能比生理潜能弱得多，更容易被忽视。比如，饥饿反应是一种较强的生理潜能。身体活动要消耗能量，就要吃东西，这是人的一种生理本能，忽视了这一点，不吃东西，就会产生饥饿感。但是创新力的心理本能很微弱，大脑右半球脑神经细胞缺乏必要的刺激，外部几乎没有反应，你会全然不知右脑正在退废。现在我们需要做的，首先要自我意识到自己的创新潜力，其次是要唤醒沉睡的创新潜力，投身到创新实践活动中去。

（二）创新思维特征和运行过程

开拓创新的关键是要有创新能力，而创新能力的提高需要开发创新思维。人的创造力是受创新思维支配的，创新思维是智慧的源泉、理想的使者、创造的火花。没有创新思维，就不可能有创新能力。因此，明确认识和准确把握创新思维的本质特征，有利于促进创新工作的开展。创新思维的基本特征如下：

1. 敏感性

敏感性是指具有创新思维者能吸收常规思维的人常常忽略的信息的能力。它能在空间和时间里捕捉住有价值、新颖的信息。这种特性意味着，具有创新思维的人一般很快就会注意到某一事情中存在的问题。

2. 灵活性

创新思维的灵活性主要变现为：一是变通力，即能适应变化了的各种情况。二是摆脱惯性，这表现在思维方向的变化上。意味着不以僵化的方式看待问题。

3. 流畅性

创新思维的流畅性体现在短时间内能连续地表达出的观念和设想的数量，反映的是创新思维的速度和数量。

4. 独特性

独特性是创新思维的本质特征。独特性主要表现为：与他人不同，独具卓识。如在思路探索上，思维的方式方法上和思维的结论上，能提出新的创见、新的发现，实现新的突破。

5. 综合性

创新思维是许多因素结合在一起的综合性思维活动，既包括多种思维方式的综合运用，也包括多种思维方法的综合运用。

创新思维是指通过反思实践目的、反思价值模式、反思知识储备，实现思维创新的思维联系。创新思维运行过程主要是通过三个途径实现新的思维联系。

一是对象选取。从无穷多的对象中选取一部分，面对无穷多的事物和观念，我们对其进行筛选，实际上每次只选取一个或者少数几个对象，被选取的对象进入头脑参与思维，而没有被选取的对象，则遭到了摒弃。从创新思维的角度来说，准确的选取与特定问题有关联的外界对象是获得创新的基本前提，因此在一定的情况下打破常规扩大选取范围，把原先摒弃的对象重新纳入选取，也是创新思维的重要形式之一。

二是属性抽象。事物是以直接个体的形式存在的，头脑思维的每一种对象都具有无穷无尽的属性。所谓抽象就是从每一个对象所具有的无穷多的属性中抽取一种或几种属性进行头脑思考，这样无穷多的属性就变成了数量有限的属性，通过抽象使得事物变得简单，不同事物之间的共性就显现出来。而创新思维就是能够把曾经舍弃的属性捡起来重新加以思考，发现一个新的创新点。

三是动态截取。事物的变化延续导致我们很难把握事物的本来面目，因此我们采取动态截取的手段，把连续变化的事物一段一段地截开，从一个或几个方面来思考问题，从而把无穷的变化转换成有限的变化，把动态的事物凝固成了静态的事物。思维正是通过上述途径实现新的联系，此外我们还要考虑外部环境对创新思维的影响。

（三）创新思维的重要性

创新能力是当前社会高新技术人才必须具备的基础能力，当前我国的大学生普遍缺乏创新能力，毕业后的大学生就会因为缺乏创新能力而不具备市场竞争能力，也就不存在自我价值的实现了。因此，培养大学生的创新能力是我国高校最重要的工作之一。

创新教育在高校大学生教育和培养的工作中是十分重要的，它可以激发大学生的内在创新潜能，激励大学生向着更高层次的人生发展。创新能力的教育和培养不仅是我国高校大学生素质教育的重点，更是我国经济和社会发展的基础和前提。

1. 创新促进大学生高效构建知识能力

在知识经济时代，对知识进行选择、整合、转化、运作，比单纯的知识学习显得更为重要。大学生最需要掌握的是那些涉及学科交叉、概括程度高、迁移程度高的“核心”知识，而这些知识的学习不能仅仅靠教师的言语讲授获得，只能通过学生发挥主观能动性，提升创新能力，通过自身“构建”和“再创造”获得。

2. 创新促进大学生提升终身学习能力

随着我国高校招生人数的不断增多，高校教育模式开始从阶段教育向着终身教育的理念发展，随着知识信息的丰富和知识更新周期的缩短，大学生的社会职业更加多元化。大学生毕业生要根据自身和外部条件，运用创新思维，不断完善知识和能力结构，提升自己学习能力，完善自我，为终身教育积攒能力。

3. 创新促进大学生取得实现职业人生的成功

创新能力是一个人综合能力的重要体现，它是以丰富的文化沉淀、高度综合化的知识、个性化的思维和奋斗的精神状态为基础的。一个人是否具备创新思维将会直接影响到这个人的职业发展，创新能力的高与低将影响个人的事业成就。古往今来，那些取得成就、获得成功的人，大都具备有很强的创新思维和创新能力，可见创新思维和创新能力的重要性。大学生在校时就应该学习和培养自己的创新思维与创新能力，以便为毕业后的创业、就业奠定基础。

二、创新思维枷锁和创新力

（一）破除创新思维枷锁

存在于头脑当中的认知框架表现为思维定式，思维定式的形成与现实社会的文化传统和个人的独特生活经历有很大的关系，具有惯性，一旦成形就极难改变。思维定式是思维主体所有的实践目的价值模式和知识储备的内在因素。思维定式具有两个特点，一是形式化结构，二是具有强大惯性。所谓的形式化结构是指只有当思考的对象填充进来，实际的思维过程发生时才会显现的，而存在显示出不同定式之间的差异。这种定式只有在一定的条件下才能显露出来，并构成创新思维的障碍。惯性表现在两个方面，一个是新定式的建立，二是旧定式的消亡。思维定式一旦建立以后，就能够支配人的思维过程、心理态度乃至实践行为，具有很强的顽固性。

思维枷锁包括从众型思维枷锁、权威型思维枷锁、经验型性思维枷锁、书本型思维枷锁、自我中心型思维枷锁和唯一标准答案型思维枷锁。

第一，从众型思维枷锁。从众型思维枷锁就是跟随大众，它是思维枷锁中最常见的形式，表现为在认知事物判断时，缺乏自己独立的思考和观念，以符合大多数人为原则，人云亦云，其目的是维持群体的稳定性。这种思维枷锁要求群体中每个个体保持某种程度的一致性，这种一致性表现为在实践方面的拒绝冲动性，表现为情感、态度、思想和价值观方面的一致，其背后的原因是屈服于群体的压力，获得个人的归属感和安全感，消除孤独恐惧等心理。因此在实践中我们要考虑到“一致同意”并非好事，同时要有“光荣独立”的心理准备。

第二，权威型思维枷锁。所谓权威型思维枷锁是人们对权威普遍怀有尊重之情，并将这种尊重之情演化为神话和迷信。权威型思维枷锁的形成主要通过两条途径，一是儿童在走向成年的过程中所接受的教育氛围，二是由于社会分工的不同和知识技能的差异所导致的专业权威。权威型思维枷锁是由各种因素不断得到强化和权威定式后，通过强化有意识的配置，借以巩固自己的地位和意识。而权威的泛化，主要是把个别专业领域内的权威不恰当地扩展到社会生活的各个方面，以加强人们思维过程的确定性和权威泛化。

第三，经验型思维枷锁。我们生活在一个经验的世界里，经验能够帮助我们在处理某一方面问题时得心应手，同时我们也应该看到经验具有时空的狭隘性、主体的狭隘性和经验之外的偶然性。因此，经验和创新思维之间的关系复杂，一方面，随着时间的推移，我们的经验会不断增长、不断更新，我们会开阔眼界，增强见识，创新思维得到提高；另一方面，经验又是相对稳定的东西，它可能导致人们对经验过分依赖和崇拜，从而形成固定的思维模式，削弱创新思维能力，陷入唯经验定式论。

第四，书本型知识枷锁。书本知识是一种系统化理论化的知识，它表现出的是一种理想状态，但是书本又与客观现实存在距离，两者并不完全融合，相关适用的环境状态也存在着千差万别。随着人类知识发展，专业划分越来越细，书本型知识枷锁会导致人们难以思考专业知识以外的知识，因此这种专业性和创新性在一定情况下表现出悖论。

第五，自我中心型思想枷锁。在这种思维定式束缚下，个人的思考以自己或某个小团体为中心，整个思考过程跳不出人类中心主义的小圈子。在日常思维活动中，人们自觉或不自觉地按照自己的观念、立场、价值观思考别人乃至整个外部环境，由此产生自我中心型的思维定式。

第六，唯一标准答案型思维枷锁。这种思维定式的局限性就是在于消除事物的众多可能性，把外部世界联系看成是唯一、确定的，事实上创新性思维其实质就是建立事物之间新的联系，建构新的逻辑。

（二）创新力

人类文明进步的历史长卷，无论是在茹毛饮血、钻木取火的原始社会，还是在信息技术高度发达的 21 世纪，我们都随处可见伴随着社会发展的日新月异而激动跳跃的永恒之魂，即让我们惊叹和感动的神奇力量——创新力。创新力是指人在顺利完成以原有知识、经验为基础的创建新事物的活动过程中表现出来的潜在的心理品质。创新力是人类能力中层次最高的一种能力，它是一种对现状的突破力，是一种不走寻常路的魄力，是一种超越的能力。几千年来，人类以自己的智慧改造着自己和这个世界。

创新力是一种生存的能力。个人能否在职场竞争中出类拔萃，企业能否在市场中脱颖而出，社会能否在历史潮流中阔步前进，根本上取决于有没有创新力以及创新力的高低。实际上，我们每个人都拥有创新潜能，它可以在我们的生活、工作和学习中迸发出创意的火花而使我们有所创造。创新潜能就像埋藏在后花园的宝石，需要你拥有善于思考的头脑和正确有效的方法去挖掘它。当你孕育出自己的创新力，你将发现生活将变得更有意义，更让人满足，更令人愉悦。

三、创新思维的训练方法

1. 爱德华・德波诺创新思维训练方法

爱德华・德博诺博士被誉为 20 世纪人类思维方式革命性变革的缔造者，是创新思维领域公认的权威，被尊为"创新思维之父"。其代表作《六顶思考帽》和《水平思考法》畅销 57 个国家，诸多著名跨国公司总裁、诺贝尔奖得主及世界各个领域的精英对他的著作推崇备至。"六顶思考帽"是爱德华・德博诺博士的核心创新课程之一。

"六顶思考帽"是一套运用水平思维进行创造性思维的方法和工具，是水平思维的具体思维模型与操作方式，也是创造性思维的训练方法。"六顶思考帽"用六顶不同颜色的帽子来比喻六种不同的思维方向与模式。图 8-1 是六顶思考帽六种思维方式及其特点的思维导图。

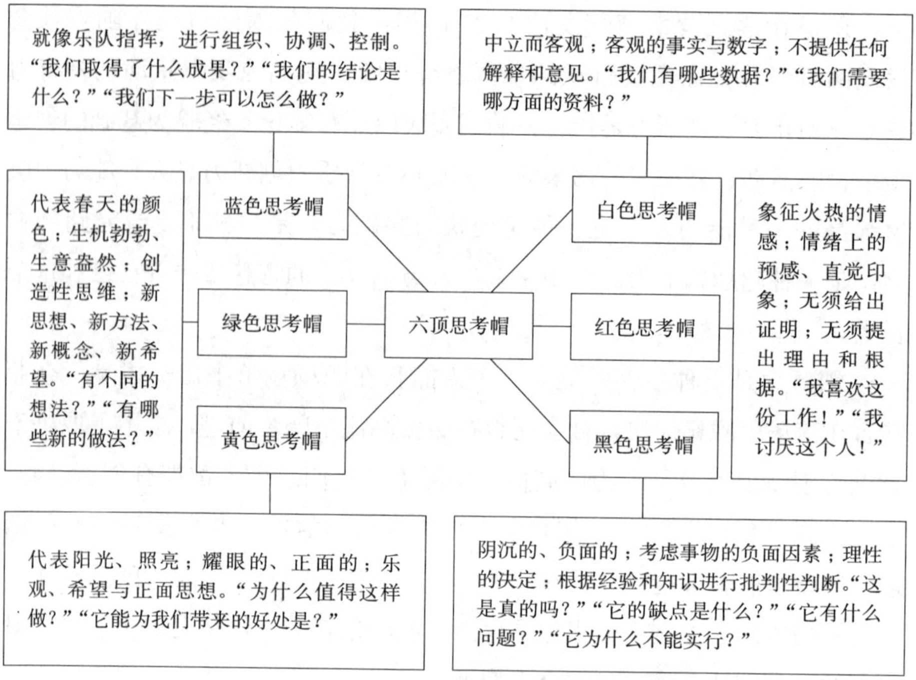

图 8-1　六顶思考帽的思维方式及特点

运用六顶思考帽进行思考和分析问题时，使用者在一定时间内只扮演一种角色、使用一种思维方式（只戴一顶帽子）来考虑问题，按此规则依次使用不同思维方式对同一问题进行多方思考，以克服主观情绪影响，破除思维障碍与混乱状态，避免片面观点和自负心理，建立起集中、有序、具体、积极而全面的思维模式，从而找到创新、可行、更优的解决方案或创意。对团体使用者而言，六顶思考帽有助于避免参与者之间的思维与情感对抗，有利于有序地引导并激发大家产生更多想法、观点，使问题分析与思考更全面、更清晰并更具创造性，可大大提高团队协作效率与思维质量。实践证明，六顶思考帽是一个简单可行的思维管理工具，无论是对个人还是对团队都极其有效。六顶思考帽现已广泛应用于思维训练、问题解决、科学决策、沟通谈判、创意策划和创新创造等场景。

爱德华·德波诺博士的水平思维理论成型于 20 世纪 70 年代中期，并在 90 年代设计成为商业培训课程。水平思维的理论基础在于人们长久以来习惯于接受传统思维的思考方式，习惯于对真理的绝对化，习惯于去伪存真式地想问题。传统的思维模式在带给我们原本的益处同时，在将近2500年的时间里几乎从未被改变过。然而，随着社会工业化与信息化的发展，特别是面对大量、充足的信息时，传统的思维模式不仅不能提供相应的高效能，反而时时处处带来掣肘的争辩。显然，传统的思考问题的方式已经跟不上时代的进步速度，无法适应现代社会发展所提出的高效能、高产能的要求了。

2. TRIZ 创新思维训练方法

TRIZ，是俄文 Teoriya Resheniya Izobreatatelskikh Zadatch（意思是创新问题解决理论）的首字母缩写，音译后简称为“萃思”或“萃智”。TRIZ 理论及方法，是苏联发明家阿利赫舒列尔（Genrich Altshuller）及其团队通过分析约 20 万件专利形成的内在规律和原理，总结出来的系统化创新（发明创造）方法。

有别于天马行空的、随机产生创新创意的头脑风暴法，TRIZ 创新方法强调创新或发明创造，特别是技术创新和产品创新可按照一定的程序和步骤进行。TRIZ 提供了一套问题解决和创新发明通用的模式、规则与方法，为人们提供创新创造的技术路径和思考方向，大大提升了创造发明的效率和质量。

TRIZ 理论与方法体系庞大而复杂，主要包括技术进化与发展应遵循的规律模式（八大技术系统进化法则）、解决技术矛盾（39 个技术特征）和物理矛盾的原理（矛盾矩阵）、实现创新发明的方法（40 条发明创新原理）与各种算法（76 种创新问题标准解法）以及综合多学科的知识库等内容。TRIZ 理论体系的构成，如图 8-2 所示。TRIZ 的方法工具体系，见表 8-1。

TRIZ 认为，一个创新问题解决的困难程度取决于对该问题的描述和问题的标准化程度，描述得越清楚，问题的标准化程度越高，问题就越容易解决。TRIZ 中，创新问题求解的过程是对问题不断地描述，不断地标

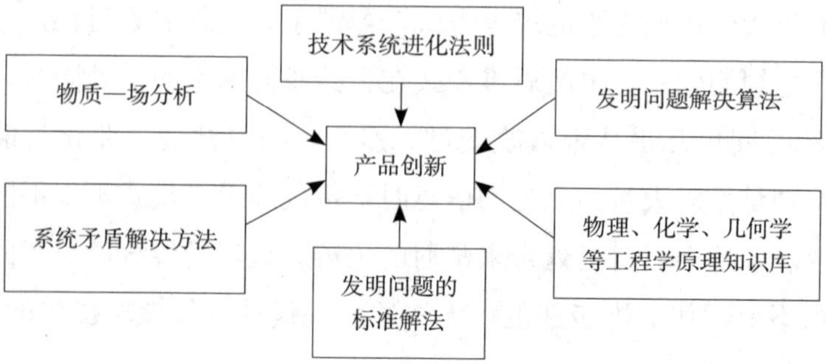

图 8-2 TRIZ 理论体系的构成

表 8-1 TRIZ 方法工具体系

问题模型	工具	解决方案模型
技术矛盾	矛盾矩阵	创新原理
物理矛盾	分离方法、引导表知识库	创新原理知识库中的方案
HOW TO 模型	知识库	知识库中的方案
物场模型	物场模型转换	标准解法

准化的过程。在这一过程中，初始问题最根本的矛盾被清晰地显现出来。如果方案库里已有的数据能够用于该问题则是有标准解；如果已有的数据不能解决该问题则无标准解，需等待科学技术的进一步发展。该过程是通过 ARIZ 算法实现的。

3. 在决策中使用创新工具

实例一

第 23 届奥运会在美国的洛杉矶举行，由洛杉矶市奥委会主席彼得·尤伯罗斯主持，这届奥运会首次摆脱了负债的阴影，盈利达 2 亿美元。后来《华盛顿邮报》记者采访尤伯罗斯，问他为什么取得了成功。他回答说主要归功于 1975 年他在美国佛罗里达州听了爱德华·德波诺博士关于创新性思考方法的演讲，学会了发散性思考的方法。

他首先把如何克服奥运会负债的危机分为“开源”和“节流”两个方面。

从“开源”方面来讲，可以从以下几个方面着手。

①赞助商是经济来源的一个渠道，因此他们选择了 30 家赞助奥运会的厂商，这些厂商共出资 1.17 亿美元。

②举办奥运会必然有不少商机，因此尤伯罗斯找来了 50 家供应商，从杂货店到废物处理公司一应俱全，这些供应商每家至少需捐助 400 万美元。

③广播电台转播奥运会的体育新闻需要交费，尤伯罗斯将广播转播权以 7500 万美元的高价出售给了美洲、欧洲和澳洲一些国家的广播电台。

④将门票提前 1 年发售，这样就能够获得一笔利息。

⑤让美国的三大电视网争夺奥运会的独家转播权，原估计最多只能要价 1.5 亿美元。尤伯罗斯采取“只出价 1 次”的竞赛投标方法，结果美国广播公司花了 2.25 亿美元才取得了独家转播权。

⑥尤伯罗斯还想出了出售火炬传递接力权的办法，全程 15000 公里，火炬传递接力权以每公里 3000 美元出售。

⑦将奥运会的吉祥物标志作为一种专利商品出售，以获得利润。

从“节流”方面来讲，可以从以下方面着手。

①体育场馆的建设费用十分高昂，那么是不是一定要建设新的体育场馆呢？回答是否定的，可以充分利用洛杉矶已有的体育场馆。

②以往各国运动员是住在奥运村，奥运村的建设需要花费巨额资金，那么是否一定要建设新的奥运村？经过反复研究，可以利用该市三所大学放假期间的学生宿舍。

③游泳池的建设需要费用，那么有没有公司愿意出资呢？尤伯罗斯经过和当地麦当劳连锁快餐店谈判，以允许在指定场地营业和做广告为条件，说服了对方出资 400 万美元兴建了一座华丽的游泳池。

④新建一个自行车场需要费用，尤伯罗斯通过同样的方法将这一“任务”交给了当地的“7-11”商店。

由于尤伯罗斯通过水平思维的方式，采取了以上的方法，结果创新了首届获得利润的奥运会。可见水平思维在进行创新思维和活动中具有极其重要的作用。

实例二

问题：摩擦焊接是连接两块金属的最简单的方法。将一块金属固定并将另一块对着它旋转。只要两块金属之间还有空隙就什么也不会发生。但当两块金属接触时接触部分就会产生很高的热量，金属开始熔化，再加以一定的压力两块金属就能够焊接在一起。一家工厂要用每节 10 米的铸铁管建成一条通道，这些铸铁管要通过摩擦焊接的方法连接起来。但要想使这么大的铁管旋转起来需要建造非常大的机器，并要经过几个车间。

解决该问题的过程如下：

①最小问题：对已有设备不做大的改变而实现铸铁管的摩擦焊接；

②系统矛盾：管子要旋转以便焊接，管子又不应该旋转以免使用大型设备；

③问题模型：改变现有系统中的某个构成要素，在保证不旋转待焊接管子的前提下实现摩擦焊接；

④对立领域和资源分析：对立领域为管子的旋转，而容易改变的要素是两根管子的接触部分；

⑤理想解：只旋转管子的接触部分；

⑥物理矛盾：管子的整体性限制了只旋转管子的接触部分；

⑦物理矛盾的去除及问题的解决对策：用一个短管插在两个长管之间，旋转短的管子，同时将管子压在一起直到焊好为止。

相对于传统的创新方法，比如试错法、头脑风暴法等，TRIZ 理论具有鲜明的特点和优势。它成功地揭示了创新发明的内在规律和原理，着力于厘清和强调系统中存在的矛盾，而不是逃避矛盾，其目标是完全解决矛盾，获得最终的理想解，而不是采取折中或者妥协的做法。而且它是基于技术的发展演化规律研究整个设计与开发过程的，而不是随机的行为。实践证明，运用 TRIZ 理论可大大加快人们创新发明的进程而且能得到高质量的创新产品。它能够帮助我们系统地分析问题情境，快速发现问题本质或者矛盾，它能够准确确定问题探索方向，不会错过各种可能，而且它能够帮助我们突破思维障碍，打破思维定式，以新的视觉分析问题，进行逻辑性和非逻辑性的系统思维，还能根据技术进化规律预测未来发展趋势，帮助我们开发富有竞争力的新产品。

【训练活动】

测测你的创新力

你想了解你的创新力吗？这里有50道题目，这些题目都不复杂，但自己回答时一定要诚心，不要同别人商量，不要看计分表，对于一个具有创新力的人来讲，对每一道题都应该有一个准确的选择，不要试图进行第二次猜测。

每一个题目根据你的想法填上下列五种情况中的一种：

A——很同意；B——同意；C——介于同意和不同意之间或者没有观点或者不知道；D——不同意；E——很不同意

① 当我按照常规步骤去解决一个特殊问题时，我总是很自信。

② 如果我不希望得到答案，提出问题对我来说就是浪费时间。

③ 我认为按部就班地解决问题是最好不过的方式。

④ 我只要有机会就会发表一些人们不大感兴趣的观点。

⑤ 我花去了大量的时间思考别人是怎么看待我的。

⑥ 我深信天生我材必有用。

⑦ 赢得别人的支持对我来说很重要。

⑧ 对于事情没有把握并不能确定的人，不能引起我的尊重。

⑨ 我能够在非工作时间继续思考工作中的难题。

⑩ 偶尔，我也会对事情产生过度的热情。

⑪ 我常常在独自一人消遣时产生奇妙的想法。

⑫ 我依靠预感来判断解决问题的正确与否。

⑬ 在解决问题的过程中，我对收集到的信息不大感兴趣，但当我分析问题时，我工作得很卖劲。

⑭ 我喜欢解决比较集中的问题。

⑮ 我的许多成功设计都是幻想提供了重要线索。

⑯ 如果我必须从两种职业中选择一种职业，那我喜欢做医生，而不喜欢做探险家。

⑰ 我自信我能轻易得到一群和我具有相当的社会地位和专业经验的人的精诚合作。

⑱ 我认为我有高度的审美观。

⑲ 在解决问题的过程中，预感是不可靠的指南。

⑳ 我对新观点特别感兴趣，并不断试图向别人推荐。

㉑ 去尽力回避感觉不妙的情况。

㉒ 在评估情报时，对我来说，情报的来源比情报的内容更重要。

㉓ 我喜欢按既定方针办事的人。

㉔ 自我尊重比他人尊重更重要。

㉕ 我认为，努力追求完善的人是不明智的人。

㉖ 我喜欢我的工作能对别人产生影响。

㉗对我来说重要的是，每一份文件都要放在合适的地方，或者说每一个地方都应安排有合适的事情。

㉘袒护具有怪癖想法的人是不现实的。

㉙即使没有报酬，我也乐意研究新观点。

㉚当对问题的研究出现僵局时，我的思路能够很快地得到恢复。

㉛我不喜欢问那些表明自己无知的问题。

㉜为了从事一项职业或专业，我能够很容易地改变我的兴趣，或者为了兴趣能够很容易地改变职业。

㉝解决问题能力差的人常常是不能很有效地提出问题的人。

㉞我随时都在预测我解决问题的答案。

㉟分析别人的失败是对自己时间的浪费。

㊱只有思想深度不够的人，才借助隐喻和类推。

㊲我常崇拜骗子的闯劲，而总是希望他们能免于处罚。

㊳我常在对问题仅了解一个概貌，还没有完全了解时就开始工作。

㊴我常忘记像人名、大街名、城镇名这样的事情。

㊵我认为努力工作是成功的基本要素。

㊶对于我来说，其他小组成员有声望是重要的。

㊷我懂得如何在戛然而止时缓冲。

㊸我是一个完全靠得住的跟随者。

㊹我讨厌不确定和不能预测的事情。

㊺我喜欢跟大家一起工作而不是搞个人奋斗。

㊻好多人之所以困难重重，那是因为他们办事太认真。

㊼我常常抓住问题而不让它溜掉。

㊽我能比较容易地获取中等报酬，并能够不费力气地达到我设置的目标。

㊾如果我是一个学院的教授，我喜欢事情发生的过程，而不太喜欢教授解决问题的理论。

㊿生命的神秘性使我产生了极大的兴趣。

认真填写完上面的50个题目，然后根据下列计分表统计你所得的分数：

总分在80～100分很具有创新力。

60～79分创新力水平在平均水平以上。

40～59分创新力是一般水平。

20～39分创新力在平均水平以下。

0～19分不具有创新力。

题号	A	B	C	D	E
1	−2	−1	0	+1	+2
2	−2	−1	0	+1	+2
3	−2	−1	0	+1	+2
4	+2	+1	0	−1	−2
5	−2	−1	0	+1	+2

续表

题号	A	B	C	D	E
6	+2	+1	0	−1	−2
7	+2	+1	0	−1	−2
8	−2	−1	0	+1	+2
9	+2	+1	0	−1	−2
10	+2	+1	0	−1	−2
11	+2	+1	0	−1	−2
12	+2	+1	0	−1	−2
13	−2	−1	0	+1	+2
14	−2	−1	0	+1	+2
15	+2	+1	0	−1	−2
16	−2	−1	0	+1	+2
17	−2	−1	0	+1	+2
18	+2	+1	0	−1	−2
19	−2	−1	0	+1	+2
20	+2	+1	0	−1	−2
21	−2	−1	0	+1	+2
22	−2	−1	0	+1	+2
23	−2	−1	0	+1	+2
24	+2	+1	0	−1	−2
25	−2	−1	0	+1	+2
26	−2	−1	0	+1	+2
27	−2	−1	0	+1	+2
28	−2	−1	0	+1	+2
29	+2	+1	0	−1	−2

续表

题号	A	B	C	D	E
30	+2	+1	0	−1	−2
31	−2	−1	0	+1	+2
32	−2	−1	0	+1	+2
33	+2	+1	0	−1	−2
34	+2	+1	0	−1	−2
35	−2	−1	0	+1	+2
36	−2	−1	0	+1	+2
37	+2	+1	0	−1	−2
38	+2	+1	0	−1	−2
39	+2	+1	0	−1	−2
40	+2	+1	0	−1	−2
41	−2	−1	0	+1	+2
42	−2	−1	0	+1	+2
43	−2	−1	0	+1	+2
44	−2	−1	0	+1	+2
45	−2	−1	0	+1	+2
46	+2	+1	0	−1	−2
47	+2	+1	0	−1	−2
48	+2	+1	0	−1	−2
49	−2	−1	0	+1	+2
50	+2	+1	0	−1	−2

【训练小结】

通过以上测试，你是否已经了解了自己的创新力水平，了解了自己是否具有创新潜能？结合前面的基础知识，认真思考如何将自己的创新力发挥出来。

单元二 创新力与决策能力培养

【基础知识】

一、创新思维与领导决策力

（一）创新与创新思维

“创新”一词，最早见于《魏书·卷六十二》：“革弊创新者，先皇之志也。”后世古籍中又数次出现“创新”一词，都大抵与“革新”同义，主要是指改革制度。《辞海》里讲“创”是“始造之也”，首创、创始之义；“新”是“初次出现，与旧相对”，才、刚之义。“创新”有三层含义，一是舍弃旧的、创造新的；二是在现有的基础上改进更新；三是指创造性、新的想法。

美国经济学家熊彼特于1912年最先在德文版《经济发展理论》一书中提出了“创新理论”，成为创新理论研究的鼻祖。他认为：“所谓创新，就是建立一种新的函数，也就是把一种从来没有过的关于生产要素和生产条件的组合引入生产系统。”[1]从以上定义可以看出，熊彼特主要从经济发展视角阐述创新在生产中的重要作用，但是创新概念的提出为学者进一步研究“创新”奠定了基础。“现代管理学之父”彼得·德鲁克在《创新与企业家精神》一书中提出，创新是一个过程，是一项“有组织、有系统且富有理性的工作；创新是企业家展现其创业精神的特定工具，是赋予资源

[1] 约瑟夫·熊彼特.财富增长论[M].李默，译.西安：陕西师范人学出版社，2007：88.

一种新的能力使之成为创造财富的活动，创新本身就创造了资源”[1]。对于创新的定义，德鲁克认为应该强调创新的效果及意义，他认为创新应该对现有的资源进行改变。

国际社会认同的“创新”英文表达是“Innovation”，有别于“创造”（英文为 Creation）和“发明”（英文为 Invention）。当前，国际社会对于“创新”的定义比较权威的有两个：一是 2000 年经合组织在“学习型经济中的城市与区域发展”报告中提出的：“创新的含义比发明创造更为深刻，它必须考虑在经济上的运用，实现其潜在的经济价值”；二是 2004 年美国国家竞争力委员会向政府提交的《创新美国》计划中提出的：“创新是将新的技术和理念融入到原有的资源中，以促进经济的增长和人们生活质量的提高，为生活创造出全新的产品和体验。”

我国有关学者对于创新一词的定义主要有以下四个观点：一是认为创新应该是一种舍旧创新、推陈出新、勇于探索、积极改变自己、改变环境的意识和行为；二是创新的目的应该是推进人类的生存与发展，对客体关系的处理要推陈出新的意识和胆识；三是创新的内涵应该是人们在生活中要不断地反思进取，改变自身，共同推进社会的发展与进步；四是创新的发展概念应该是人们对社会发展与进步的本质性把握，是人们跟随时代进步、社会发展步伐的必然结果。

什么是创新思维？创新思维是指以新颖独创的方法解决问题的思维过程，通过这种思维能突破常规思维的界限，以超常规甚至反常规的方法、视角去思考问题，提出与众不同的解决方案，从而产生新颖的、独到的、有社会意义的思维成果。创造性思维是开拓认识新领域，解决现实新问题的一种思维，是人的智力核心部分，也是人类创造力的首要条件和根据。创新思维是相对于习常性思维而言的，它是一种超出已知的认识范围，具有开创意义的思维活动。它是人们面对新的问题和领域，运用新的认识方法，开创新的认识成果的思维。因此可以说创新思维就是必须产生

---

[1] 彼得·德鲁克．创新与企业家精神 [M]. 蔡文燕，译．北京机械工业出版社，2007.

新产品，必须产生新思维。从结构层面看，创新思维的本质就在于主体根据解决问题的需要，通过调整与顺应，使自己思维突破并超越原有的思维结构。从机制层面看，创新思维的本质在于逻辑与非逻辑的统一，在于实现思维素材的超逻辑组合。

（二）领导力决策中的创新思维培育

1. 保持思维张力

领导创新思维主要以发散思维和收敛思维两种形式表现出来。前者是对一个问题从多种角度着眼，沿着不同的方向去思考、分析、探索的思维过程；后者是一种开拓型、创新型的思维方式。发散思维与创新能力有直接的联系，是衡量人的创新能力的重要指标。创新思维方式根据现实条件，迅速地在头脑里产生丰富的联想，假设解决这一问题的几种可能方案，接着再对每一种方案分别进行实验或论证，最后确定最优方案。这一过程体现了发散思维与收敛思维的张力。发散思维与收敛思维是领导思维创新最基本的方法。任何领导思维创新都是发散思维与收敛思维的对立和统一。在思维活动中，发散思维和收敛思维相互联系、相辅相成，并在对立中互相转化。

2. 把握系统思维

系统思维是认为一切系统事物和过程都有其自身的结构、层次，并形成运动发展着的系统核、系统链和系统环，任何系统事物和过程都遵循着整体优化、结构质变、层次转化和差异协同规律在发展着，同时把认识主体、实践、客体系统有机地联系起来进行思维的方法。系统的整体性表现为内在要素有机组合的相关性、系统与各要素之间的相关性、系统与环境的相关性、系统功能的非加和性等。现实的系统由两个阶段构成，分别是“谋”和“断”。“谋”就是出谋划策，就是出主意，拟方案；“断”就是比较权衡，选择定案，就是做决定。

3. 实现四个转化

（1）由单维型向多维型转化

单向思维的主要表现为思维目标单一，思维范围窄小，思维角度和走向单一。思维的单向性必然会导致认识的片面性，也必然会影响判断的准确性和决策的科学性。马克思主义认识论告诉我们，认识任何事物，都要用联系的观点全面地去把握它，这样才能避免陷入片面的思维误区。

（2）由封闭型向开放型转化

打破以一地、一单位为对象的局部、区域封闭型思维习惯，建立开放型思维模式。封闭性的领导思维方式具有孤立性、狭隘性、个体性和绝对性的特点。知识经济时代的重要特征即经济发展的全球一体化和信息在全社会被广泛应用。这就决定了新时期领导者的思维方式必须由封闭型思维向开放型思维转变。

（3）由斗争性向和谐性转化

和谐思维并不是要否定矛盾之间的对立和斗争性，而是要适应现代社会矛盾形态的发展与要求，强调矛盾之间的同一性、整体性，它有利于化解和解决矛盾，推动事物的发展。就人与自然的关系来讲，有对立、斗争的一面，但更主要的是合作性矛盾，因为人与自然是共生共存、休戚相关的有机统一体。自然状态良好，社会才能健康运行与持续发展。所以，人与自然的矛盾关系是和谐为主、斗争为辅。

和谐性思维方式思考和处理各种错综复杂的自然关系、社会关系和社会矛盾，营造共生共存、平等友爱、互助合作、融洽和睦的生态环境、人际环境和社会环境，建立起合理的利益平衡与协调机制，达到对各种利益冲突、矛盾的合理解决，以最大限度地完成社会整合，维护最广大人民群众的根本利益，促进社会的稳定与繁荣。

（4）由静态化向动态化转化

变静态思维为动态思维，是现代实践、现代社会发展对领导思维方式变革的根本要求。静态思维是一种固定的、规范化了的思维程序。这是传统社会实践相对简单，科学技术发展相对缓慢的产物。动态思维要求领导者必须在头脑中建立起科学的时间和空间坐标系统，并提高在动态中处理信息的能力。一方面，要善于对事物做纵向的历时性研究，即善于对事物的过去、现在和将来进行综合分析，把握事物发展过程中的变化、差异和趋势；另一方面，要善于对事物做横向的同时性研究，即善于比较长短优劣，从而扬长避短，把历时性和同时性有机结合起来，在纵横两方面的考察中，不断调整发展的思路和决策。

4. 打破思维定式

思维定式是过去活动经历所形成的知识结构和习惯方式对今后活动产生影响的一种特有的心理准备状态。思维定式在本质上就是一种思维习惯。领导决策力提升需要对思维采取过滤、检查、批判的态度，进行认真的自我观察和自我分析，给予自我评价，同时注意收集他人对自己思维的评价，把两者加以比较，做出正确的评估。

二、创新思维训练

（一）打破思维定式

妨碍大脑思维进行创新思维活动的一个主要障碍，就是过分依赖过去的知识和经验。这种过分的依赖，会造成仅用一种思路思考问题的习惯。虽然这种习惯或许在生活实践中有一定的成效，但久而久之，有可能会造成特定的思维定式，养成特定的心理定式，使大脑思维僵化。因此，在创新思维活动过程中，打破思维心理的定式，使大脑思维“柔软”，是必不可少的重要一环。

有时只要对问题改变一下设想，调整一下进入角度，解决问题的思路就会不期而至。这就是大脑思维柔软性的作用所在。而大脑思维的柔软性是可以通过注意力的适时转移、灵活分配，以思维发散、收敛等创新思维方法的训练来培养、提高的。

训练：巧分蛋糕

有 100 块蛋糕，要求分别放在 12 个盘子里，并且每个盘子里的数字中必须有一个“3”。

问：如何分放？

答：在第1、第2、第3个盘子中分别各放13块蛋糕，第4个至第11个盘子中各放3块蛋糕，在第12个盘子中放余下的37块蛋糕。

训练与分析

此训练实际上是一个注意力如何灵活转移的问题。

注意力是在认识活动中，把自己的意志倾注在一定的认识对象上，并对其有所选择地集中能力。注意力的特点是：第一，注意力有强弱之分；第二，注意方有选择的功能；第三，注意力可以灵活分配。

题中的迷惑之处在于，当我们看到“每个盘子里的数字中必须有一个“3”时，脑海中所闪现的立刻是3，13，23等。于是注意力很容易集中在这些数字的个位数上。但是当我们在保证个位数有“3”的各种分配都不能满足要求时，就应该注意到12个“3”相加的结果，其个位数是“6”，而不是“0”这时我们就必须使注意力适时转移，开始考虑十位数了。既然十位数也可以是“3”那个位数可以是任何数，因此先在11个盘子中各放3块蛋糕，为33块，余下的67块蛋糕中再拿出37块蛋糕来放在第12个盘子中，所剩下的30块蛋糕就好分配了。

（二）发散思维和观察力训练

1. 发散思维

当一种思维不能满足要求时，创新思维活动可以通过注意力的适时转移和灵活分配，发现问题的关键所在，从而真正打开自己的眼界，并在宏观及微观上对事物有更加深刻的理解。这种思维方法被称作发散思维。

发散思维又称作辐射思维或求异思维。它是通过对已知信息进行多方向、多角度、多渠道的思考，从而悟出新问题、探索新知识、发现多种解、得出多种结果的思维方式。发散思维本质上是求异性。它不满足既定的解释，力求围绕问题寻求新的变化。因而要求思路敏捷开阔。由于发散思维是一种多向发展的思维形式，它能够随机应变、触类旁通。在思考中，它不墨守成规，不拘泥于传统，能够使人的思路不受已有知识和经验的束缚，帮助人们克服心理定式，跳出常识框架，以全新视角去观察、分析事物，探求问题的不同解决办法，做出新的创意。

2. 观察力的训练

观察是思维主体为了认识事物的本质和规律，通过感官，有目的、有计划地考察、收集、描述认识对象的一种思维方法。而观察力则是在有目的、有选择的认识事物中，抓住事物本身的特征，并在此基础上，对事物进行细致入微的观察思考，从中找出事物本质及其规律性的能力。

观察之所以是思维活动，根据在于它是思维主体的感官感觉与分析、判断、推理同时进行的。在观察中，思维不仅要关注注意力所及的事物表面现象，同时还要关注同一观察对象的注意力所不及的地方。在思维中找出隐藏在所观察事物背后的东西。这样才能做到细致入微的观察，才能提高观察的能力。

在观察中，如何很好地分配注意力，是一个值得注意的问题。如有一根针掉在了地下，如果采用无顺序的观察寻找，是很难找到针的。如果将地下掉针的范围，划分为一个个区域，按顺序寻找，一定要比左扫一遍、右扫一遍的放眼观察效率要高得多。

每个人做事都会有具体目的，而这个目的又应该从属于一个远大的目标。观察力训练的具体目的是培养如何通过细致入微的观察，灵活分配注意力，适时转移注意力，其更远大目标是培养能够产生直觉的洞察力。

训练：红颜色的魔方

图 8-3 中假设现在有一个所有的面都是红颜色的三阶魔方。

问：现在符合下列条件的小立方体各是多少块？

①一面是红颜色的小立方体。

②两面是红颜色的小立方体。

③三面是红颜色的小立方体。

④所有面都是红颜色的小立方体。

⑤所有面都不是红颜色的小立方体。

答：符合条件的小立方体分别是以下几块。

①一面是红颜色的小立方体有 6 块。

②两面是红颜色的小立方体有 12 块。

③三面是红颜色的小立方体有 8 块。

④所有面都是红颜色的小立方体为零块。

⑤所有面都不是红颜色的小立方体有 1 块。

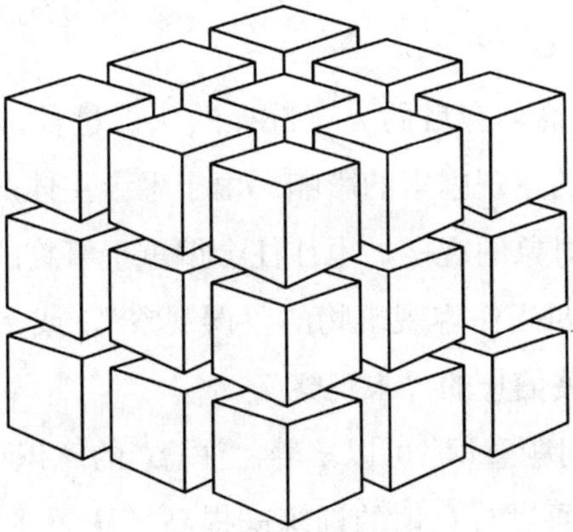

图 8-3 红色魔方

训练与分析：

在本训练中，零乱的观察势必会延长做出判断的时间。其实每一种要求做出判断的小立方体，只需要找到一块，就可以在对称的部位上找到同类的小立方体。另外，只能观察到三个面，这就要求思维主体在思维中将这个魔方切割、整理，用思维“看到”每一个小立方体的模样。特别是对第④、第⑤题的回答，要求答题者必须有一定的构造模型和对其进行整理的能力。

感觉工具——观察

在认识事物中，观察有其局限性，即恩格斯所指出的，“单凭观察所得的经验是绝不能充分证明必然性的”“必然性的证明是在人类活动中，在实验中，在劳动中”。但观察仍然是我们认识事物的本质并进行创新的过程中的一种有效手段。科学家哈定就曾说："如果科学家一生注意细微的观察，训练自己注意寻求类比，使自己具备有关的知识，那么这个'感觉工具'就将成为神通广大的仙杖。"这个所谓的"感觉工具"，实际上就是观察能力的体现。

应该说，观察力是注意力的进一步延伸。只有"注意"了，才有可能进行"观察"。没有注意参与的观察只能是盲目的、无选择的浏览。在观察中，也必须有问题意识、创新意识的参与。特别是在当观察进行到枯燥无味却又一无所获的时候，问题意识和创新意识的调节作用就尤其重要。

另外，既然观察是有目的、有选择的认识过程，那么在观察中，就很容易受到观察者的主观因素的影响。由于思维主体的个人主观因素的差异，对于同一认识对象的观察，也往往会偏重于事物的不同方面，从而造成把个人主观的东西当作客观事物的"误观察"，或是只吸收一些有关信息而忽略另一些有关信息的"未观察"。

但是，既然"问题意识"可以培养，"注意"的意识可以提高，那么"观察"的能力也可以通过有意识的训练来提高，从而在细致入微的"观察"中，加强问题意识，并通过灵活分配注意力，适时转移注意力，培养能够产生直觉的洞察力。

（三）分析力的训练

对问题抱有浓厚的好奇心，能产生问题意识，注意细致深刻的观察，了解事物的特征，搜集有关的思维素材，是认识事物、解决问题的第一步。在此基础上，就是根据有关信息，对思维素材进行整理了。

在对思维素材进行整理的过程中，区分哪些思维素材反映了事物的本质特征，哪些思维素材只是细枝末节；哪些事物属性之间的联系是必然联系，哪些是偶然联系，然后再将整理结果按照解决问题的需要重新组合、建构，以便使问题得以顺利解决。这种综合性的条分缕析的思维能力，就叫作分析力。

展开来讲，分析力是在解决问题的过程中，把认识对象按照需要分解为各个部分，认识到它们在认识对象整体中的性质和作用，并再度将其组合成整体的能力。它所涉及的是分析能力和综合能力的整合能力。

这种综合性的思维能力，能够在观察、认识事物的过程中，首先发现结构上的需要，然后导致知识经验的再现，并对再现的各种知识经验进行检索、加工，按照认识对象结构上的要求，系列重新组合，建构新的知识体系。它对以往知识的再现检索不是零碎的，而是指向性很强，系统性很强。

作为相互联系的两个方面，分析与综合相互依存、相互渗透、相互转化，贯穿思维的整个过程，分析中有综合，综合中有分析。只有经过这样的思维过程，思维认识才能把握事物内部的各个方面，才能深入事物的本质，把握事物的规律。分析力是这两种思维能力的总和。分析力受既有知识、经验的影响很大。因此，在创新思维活动过程中，充分地整理、利用既有的知识和经验是一个方面，突破既有知识与经验的束博则是更重要的另一个方面。分析力也经常受到心理因素的影响，这是因为分析与综合的指向，经常以“第一感觉”为路标，并有强烈的按这个路标指向行动的欲望。在这种欲望的驱动下，当问题不能顺利解决时，所反省的不是“第一感觉”是否正确，而是自己的分析力不够。

但是，“第一感觉”未必都是能够直接抓住问题本质的“直觉”，有时它可能是一种认知错觉。因此，当按照“第一感觉”的驱使不能有效地解决问题时，及时调整“第一感觉”，重新发散，不但可以突破心理的障碍，而且可以突破既有知识和经验的束缚。

训练：三家分苹果

有张三、李四、王五三家，商定 9 天之内每家各打扫 3 天楼梯。由于王五家有事，没能打扫成，而由张三家打扫了 5 天，李四家打扫了 4 天。王五家买了 9 斤苹果以表谢意。

问：按张三、李四家所付出的劳动，应该怎样分配这 9 斤苹果？

答：张三家得 6 斤，李四家得 3 斤。

训练与分析

似乎应将 9 斤苹果按张三、李四家所劳动的比例 5∶4 来分配，于是张三家得 5 斤苹果，李四家得 4 斤苹果。但这种分配是缺乏分析力的想当然的分配。之所以会有这种想当然，是因为本题中的“张三、李四、王五”等文字带有数目字，无形中起到了一种干扰的作用，使得思维只想紧紧抓住“5 天、4 天、9 斤”的关键数字以力排干扰，于是很容易将这些数字之间的合比例关系作为“第一感觉”，将解决问题的思路定为“按现有合比例分配”。其实，这种简单的“现有数字合比例”是一种隐藏了正确比例关系的假象。我们不妨重新整理、组合一下题干中所出现的各种关系。

首先，不妨先将“张三、李四、王五”改变为 A、B、C，其次再整理 A、B、C 三家对打扫楼梯的关系以及他们相互之间的关系。

A、B、C 三家对打扫楼梯的关系是每家各打扫 3 天。在此基础上，A 与 C 的关系是帮助 2 天与被帮助 2 天的关系；B 与 C 的关系是帮助 1 天与被帮助 1 天的关系。在这里，不能将 A、B 两家对打扫楼梯的关系混同于 A、B 两家对 C 家的关系。所以，A、B 两家自己所应打扫的 3 天不能重复计算在内。这样，C 对 A、B 的酬谢就只能按 2∶1 的比例划分，而不应当按 5∶4 的比例划分了。所以，A 所代表的张三家应得苹果 6 斤，B 所代表的李四家应得苹果 3 斤。

隐藏的、复杂的问题线索，经过重新整理、分析，可以变得清晰。这种重新整理、分析、综合的过程就是培养思维分析力的过程。

（四）推理力的训练

创新思维有整体性的特点，它是各种思维形式与方法的综合应用，其中必然包括了逻辑思维。如何从严密的逻辑推理中获取新知，不但取决于理解、掌握各种推理的形式及其规则，更重要的是如何选择、运用它们。对于前者，我们可以通过学习逻辑学达到，从而使自发的逻辑感觉、经验上升至自觉的逻辑思维；对于后者，则可以通过不断的自觉运用，在有意识的强化训练中，使自为的逻辑思维能力升华为自由的逻辑精神。这两者的完美结合与良性互动，就是“推理能力”，简称为“推理力”。

逻辑思维是人类认识世界的最基本的思维工具。人类利用这种工具，在认识世界的过程中，借助于概念、判断、推理等具体逻辑思维形式，能动地反映和认识了现实世界中万事万物之间的各种因果关系。但逻辑思维并非通过具有本质意义的典型形象来认识、反映现实世界，而是通过科学的抽象，通过去粗取精、去伪存真、由此及彼、由表及里的思维加工制作的。在逻辑思维形式中，推理属于理性认识阶段的逻辑思维形式，是人们思维活动的主要体现者。推理的种类主要有三种，根据前提到结论的思维进程的不同，分为演绎推理、归纳推理、类比推理。其中，演绎推理是由一般性前提到个别性结论的推理；归纳推理是由个别性前提到一些般性结论的推理；类比推理是由个别性前提到个别性结论的推理。根据结论的性质，推理又分为两类：必然性推理和或然性推理。必然性推理是结论断定的范围没有超过前提断定的范围，如演绎推理和完全归纳推理；或然性推理是结论断定的范围超过了前提断定的范围，如不完全归纳推理和类比推理。

在推理的种类中，演绎推理早在两千多年前即由古希腊哲学家、逻辑学家亚里士多德创立，经过后世的不断补充，形成了一个完善、严整的体系。在这个体系中，它所包含的所有推理形式，其结论所涉及的范围都不超出前提所涉及的知识范围，只不过是“隐藏”在前提中而已。而推理的过程，实际上就是在人们的思维中，通过各判断之间的不断转换、推导，把“隐藏”在前提中对某一事物情况的判断，从其存在的条件中再现出来。因此，结论的必然性是演绎推理的最重要的特征。只要作为前提的判断与作为结论的判断之间的联系符合逻辑规则，即推理就是正确的，那么，就一定可以经过一步步的严密推导，遵从的是非取舍，必然推出“隐藏”在前提中的知识。由于这种知识对于我们来说，仍然是“新”的，所以演绎推理的结论尽管没有超出前提的范围，但是演绎推理仍然是我们获取新知的一种重要手段。

本节思维训练的侧重点是培养和提高学生的推理力。在进行这种思维训练前，掌握一定的逻辑学知识是必不可少的。只有在娴熟地掌握了各种推理形式的基础上，思维才有可能进一步灵活地按照事物情况，自如地选择不同的推理形式，从而使我们在解决问题的过程中，驾轻就熟地通过一步步严密的推导，揭示出新的认识成果，真正达到推往知来、见微知著、洞幽烛微的根本目的；这将有助于我们的推理力从不自觉进入自觉的状态，从认识的必然走向认识的自由。

训练：大臣摸阄

据说在古代一个王国里，有一条奇怪的法律条文。按照这条法律条文，被处以极刑的犯人在临刑前仍然有一次选择生命的机会。即在一个箱子里放上两个纸阄，其中一个写有“生”，另一个写有“死”。然后让临刑的犯人任意从箱子里摸出一个纸阄，并当众验证。如果犯人摸出的是“生”阄，则立即释放；如果犯人摸出的是“死”阄，则即刻被处死。

有一位大臣遭人诬陷，被判处死刑。但诬陷他的人仍然担心他在临刑前的生死选择中摸出“生”阄，于是便贿赂有关官吏，将箱子里的两个纸阄全部写上“死”。这个阴谋家以为这样一来，无论这位大臣摸出哪一个纸阄，都是必死无疑。

但这个阴谋被这位大臣的一个好友探知了，于是他想办法秘密面告这位大臣，要求他在临刑前的生死选择中，当场戳穿这个阴谋家的丑恶嘴脸。然而，当这位大臣得知这个消息后，竟谨慎地嘱咐好友将消息封锁，认为这次自己可以必生无疑了。

结果是，这位大臣在临刑前的生死选择中，从容不迫地摸出一个纸阄，使他重新获得了生命。

问：这位大臣是如何如愿以偿的呢？

答：这位大臣从容不迫地随意摸出一个纸阄，并立即把它咽到肚子里。因为大臣把抓起的阄吃掉了，所以其他人只好看剩下的一个阄。剩下的阄是“死”，因此其他人推断大臣吃掉的是“生”。

训练与分析

按正向思维，大臣好友的担忧在于，按照正常的选择大臣要么摸出

“生”阄，要么摸出“死”阄。但是，由于诬陷大臣的人从中捣鬼，这种正常的选择结构被破坏了，从而形成了如下的推理：如果两个纸阄上都写有“死”，则无论摸出哪个纸阄都必死无疑；两个纸阄上都写有“死”，所以，大臣必死无疑。在箱子里有两个“死”阄的情况下，无论摸出哪一个，其验证的思维过程就由正常情况下的不相容选言推理的肯定否定式，变成了情况改变之后的充分条件假言推理的肯定前件继而肯定后件的形式了。大臣好友的担心即在于此。但这种最必然的分析，将注意力放在了“无论摸出哪个”的纸阄上。这种思维方法是正向的，垂直的，没有变通的。

可是这位大臣并不这样想，他打破常规思维的逻辑流程，以反向思维的形式，从“不可能有‘生’”的情况分析中，直觉出隐藏在“必死无疑”这种情况背后的另一种可能：“必生无疑”。亦即，按照情况的变化，改变思维形式，将符合一般情况下的检验的肯定否定式，改变为符合特殊情况下的检验的否定肯定式：要么吞咽的是“生”阄，要么吞咽的是“死”阄；“死”阄没被吞咽掉；所以，所吞咽的必然是“生”阄。

因为要验证所摸纸阄的情况，只需要验证一个即可，又因为纸阄中只有“生”“死”两种可能，因此，问题的关键在于所验证的纸阄是哪一个。这位大臣就是巧妙地利用了这一点，从容不迫地随意摸出任何一个纸阄，并立即把它吞咽到肚子里。此时，如果要验证他究竟吞咽的是什么纸阄，就只能依据剩下的那一个纸阄来判断了。于是，“不可能有‘生’”的心理状态，在创新性地灵活运用推理形式，从而按照事物变化的新情况改变验证的推理形式过程中，得到了解脱。这种新的解释就是凭借“感觉”开始，并在潜意识中进行了创新性的逻辑理性分析。这位大臣就是通过灵活地分析、运用不同的推理形式，以水平思考的方法，将注意力由“无论摸出哪一个”的纸阄上集中在“所剩下的那一个”纸阄上，从而可以水平展开思维，尽可能地用不同的方法去观察分析事物，从而以“吞咽纸阄”的奇招，拯救了自己的生命。

通过这次训练活动，我们可以看到推理能力与创新能力的良性互动、完美结合。在现实的认识活动中，具体的人受各种因素、条件的局限，其认识能力是有限的，尤其是面对复杂多变的情况，不全面的认识更会使任何一处看不到的地方成为盲区或盲点。这便是大臣好友的焦虑所在。但是，人贵有自知之明，知道自己的能力有限、知识有限。这样反而会使自己的头脑清醒一些，从而以从对自己负责的态度出发，敢于提出质疑，继而以谨慎的态度，重新整合事物变化后的情况，从常规的思维中寻找突破口。大臣的态度便是如此。

明代学者陈献章曾经说过："学贵有疑。小疑则小进，大疑则大进。疑者，觉悟之机也。一番觉悟，一番长进。"在认识世界的过程中，我们的每一个思考都希望能够回答一个问题，澄清一个疑问，厘清一种思路，表明我们是如何理解这个世界的。因此，能否质疑，如何排疑，是"回答"问题的第一步。因为"回答"是具有建设性的，是需要调动聪明才智去创造的。这实际上也是任何一个人提高自己的知识水平、能力，并经磨炼达于自由的绝好途径。

（五）思维持久力的训练

消除习惯性思维在解决问题过程中的影响，分析查明解决问题过程中的关键所在，其有针对性的策略可能应运而生。这个有针对性的策略就是"预见"。它是根据事物的发展规律，预先料到未来的发展趋势。如果将"预见"的智力因素与意志的心理因素，统一在从具体目的坚持不懈地走向最终目标的过程中，我们将其叫作"持久力"。

在思维活动中，依靠灵感、直觉、顿悟可以直接洞察到问题的本质和要点。殊不知在这些灵感、直觉中，往往已经包含了许多预见性在内。预见性越强，持久力就越强，解决问题就越顺利。在这种持久力的支配下，真正的创新思维活动并不是简单地重复问题的细枝末节，而是看到了问题结构上的关键所在，并以此为线索展开思维的方向。它从问题的全局性开始，把有关枝节都看成问题整体的一部分，按照思维过程的每一步，不断搜寻线索，不断整理头绪，直至导向问题的解决。

这种分析问题的能力，不仅是哲学上关于因果关系的认识，同时还是思维进程中持久能力的问题。它可以循着因果关系链条上的线索，将由于省略了因果关系链条的中间环节而隐藏在这个因果链上的结果，以直觉思维的跳跃性，直接揭示出来。从这个意义上讲，持久力是推理能力的进一步加强和引申。而这种思维的待久力是可以经过有意识的训练来培养和提高的。亦即常问“下一步如何？”从而通过细致入微的观察，灵活分配注意力，适时转移注意力，在能够产生直觉的洞察力基础上，在实现意志的进程中，提高付诸思维操作的持久力。

训练：立柱上的圆盘

如图 8-4 所示，有 A、B、C 三个立柱。在 A 柱上由下到上、由大到小地串放着四个大小不一的圆盘。现在要求将 A 柱上的四个圆盘移到 C 柱上。条件是每一次只能移动任何柱子上的一个圆盘，但任一圆盘不能放在比它小的圆盘上。

问：应该怎样移动才能既快又简洁呢？如果将这几个圆盘增加到五个、六个……，能否发现规律？

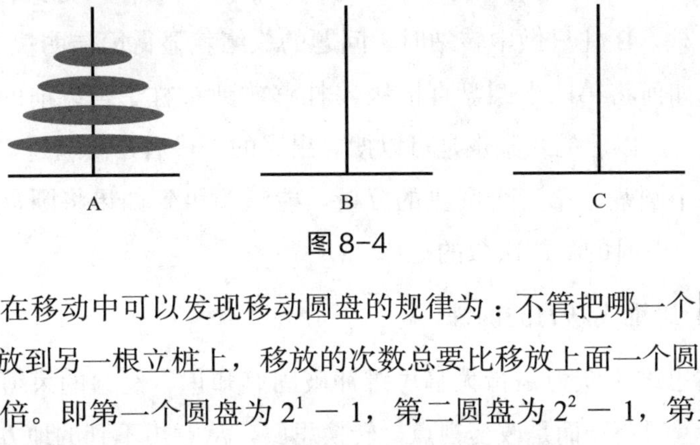

图 8-4

答：在移动中可以发现移动圆盘的规律为：不管把哪一个圆盘按规则完全移放到另一根立桩上，移放的次数总要比移放上面一个圆盘几何级地增加一倍。即第一个圆盘为 2^1-1，第二圆盘为 2^2-1，第三圆盘为 2^3-1，第四圆盘为 2^4-1……因此，当圆盘增加到五个、六个……N 个时，其规律仍然是 2^5-1，2^6-1……2^n-1。

训练与分析

本题叫作“梵塔问题”。据称在贝拿勒斯的圣庙里，安放着一个黄铜板，板上插着三根宝石针，梵天在创造世界的时候，在其中的一根针上，从下到上、从大到小地串放了 64 片金片，这就是梵塔：不论白天黑夜，都有一个值班的僧侣，按照梵天不渝的法则，把这些金片在三根宝石针上移来移去。每一次都只能移动一片，并且不管在哪一根宝石针上，小金片永远在大金片的上面。当所有的64片金片都从梵天创造世界时所放的那根宝石针上移放到另外一根针上时，世界就将在一声霹雳中消失。

按照移放圆盘的规律，当把这64片金片按规则全部移放好后，总的移放次数便是$2^{64}-1$了。经计算，如果移放金片的速度是每1秒移放一次，一年有31536000秒，把这座梵塔全部的64片金片都按照规则移放到另一根宝石针上，总共需要近5849亿年。

从梵塔问题中我们体会到，任何一个具体的目标，都应该从属于一个远大的目标。要实现这个远大的目标，首先，需要意志、毅力的支撑；其次，需要创新思维的帮助；最后，通过举一反三，顿悟规律，达成目标。例如，在解本题时，首先，要有不厌其烦的意志；其次，要充分认识到思维很容易按立柱顺序想到将圆盘经过B柱，再移到C柱上。这样虽然也能达到最终目标，但其步骤显然要烦琐费时。如果考虑到将圆盘从A柱移到C柱，B柱只做中转站时，问题的头绪就显得简洁明快了。此时，只要考虑如何将第四个圆盘直接从A柱移放到C柱上，以前的线索可以容易地查明，以后的线索也是可以搜寻出来的。最后，要通过对第一个圆盘、第二个圆盘、第三个圆盘的分析，能够领悟到如果将圆盘增加到五个、六个……时的移放次数的规律。

（六）思维飞跃力的训练

所谓思维飞跃力是指大脑思维冲破固有知识、经验的束缚，不以常规思维思考问题，而是改变视点，转换思路，从意想不到的地方入手，使大脑思维能力产生一个质的飞跃，获得提出虽在意料之外却又在情理之中的具有新颖独特的认识和见解的能力。

我们平日的学习，很大程度上是被动地学习知识、积累经验，这些知识与经验对于人们解决实际问题固然十分重要，但也容易以一种预先准备的心理状态形成“话题预设”，从而以认知的固定倾向，决定了人们解决问题的常规思路与程式。这种常规的思路与程式，就是常规思维定式。

常规思维定式作为一种预先准备的心理状态，可以是短暂的，表现为刚完成的一个活动对其后进行的活动的一种顺序性、结构性的影响；也可以是持久的，表现为一个人完整的个性倾向性认识事物、解决问题的定式效应，就是在问题空间中沿着已备好的探寻思路展开。

这种预设的思路有时有助于问题的顺利解决，但有时却会因无法摆脱既有知识、经验的框架，反而阻碍了问题的解决。尤其是在创造性地解决问题时，它总是以一种习惯性审视、分析、认知事物，难以从“循规蹈矩”中“异想天开”，从而限制了人们创新能力发展的潜力和空间。“异想天开”是创新思维的一种重要品质和特征。它使既有的知识、经验在创造性解决问题的过程中流动起来，使它们进入全新的思维进程，发挥全新的作用，以此得到更有意义的收获。当然，“异想天开”只是对思维僵化呆板的突破，而不是毫无逻辑根据的“胡思乱想”。

另外，在做题的过程中，还可以借助核对一览表法的思路。核对一览表法又称检查提问法、设想提示法等。它是根据需要解决的问题，列出提纲式的表格或列出有关的事项，然后一个一个地进行核对讨论，以期从中获得解决问题的方案或提出创新设想，目的是打破人们头脑中固有的框框。可以预先将问题作成一览表，并借助这个一览表对问题进行不同的思考，刺激人们的思维能力跳出固有观念的窠臼，引发出新的思想。核对一览表法有许多形式，其中最为著名的是由美国心理学家奥斯本创造的。

其主要特点如下。

①除此之外，再无其他可行的思路吗？对现在这样的思考方法稍加变化怎么样？

②与此相似的东西是什么？它们中有无能借鉴能参考的想法？能模仿其他东西的念头是什么？

③能否进行改变？如改变颜色、音调、形状、状态、顺序、结构后将会怎么样？

④如果增加、如果减少、如果……后将怎么样？再大一些，再小一

些，再厚一些，再薄一些，再粗一些，再细一些，再轻一些，再重一些，再简洁一些，再凝缩一些……又将怎么样？

按上述的这两种方法，在本节的思维训练中，要注意摆脱规思维定式所造成的束缚，要想方设法使既有的知识、经验进入新的问题情景中，以使思维自由地统观全局，设法发现问题与情况的相互联系，发现问题的形式与目的的内在联系，尽可能多地发散出“无视”现实的、自由奔放的灵感数目。在这个过程中，应充分利用核检一览表法：根据问题的结构、情景，思路随转，思考再大一些怎么样？再小一些怎么样？再厚一些怎么样？再薄一些怎么样？改立体为平面怎么样？改平面为立体怎么样？颠倒一下怎么样？翻里为面怎么样？摆脱这个条件怎么样？增加这个条件怎么样……思维的飞跃力也许就会从中产生。

国外曾经进行过一个动物实验：把一只鸡放在一道栅栏一侧，另一侧放上鸡食。尽管绕过栅栏即可以吃上鸡食，但这只鸡除了“咯咯咯”地一边叫，一边盯着鸡食盆干瞪眼外，再无其他办法。鸡不能突破本能的障碍，但人却可以突破思维的障碍。只要假以时日，经过有目的的训练后，偶而为之的“异想天开”，可以经过一个由量变到质变的过程，在一个新的思维能力高度上稳定地形成具有创新根基的“标新立异”。增强思维飞跃力训练的作用及意义也在于此。

国外还曾经有过一个动物实验：把跳蚤放在一个密封的容器，跳蚤每一次跳都碰到容器盖。当把容器盖取掉后，跳蚤只跳到原来容器盖的高度，再也跳不出容器了。跳蚤不能突破生命的高度，但人却应该有无限的生命高度。假以时日，思维训练可以不断地增强我们的生命高度，增强思维飞跃力训练意义也在于此。

在创新世界中，发现永远比存在更重要。

训练：九点问题

如图 8-5，有九个圆点。①请一笔画四条直线，使九个点中的任意一点都有直线穿过；②请一笔画三条直线，使九个点中的任意一点都有直线穿过；③请一笔画一条直线，使九个点中的任意一点都有直线穿过。一笔画，画线时不能抬笔，笔不离开纸；不能回笔，不能顺着已画的线再来回画。要求：不能通过折纸改变点的位置，线段为直线。

图 8-5　九点图

训练与分析

九点问题是一个很著名的思维训练题。它之所以著名，就在于它非常形象地表明了常规思维定式的框架。

人们在认识、感知图形的过程中，都有一种“组织性”和“完形性”的习惯倾向，形成一种“格式塔心理”：结构不是其组成部分的简单相加，其组成部分的性质是由内部系统性整体结构决定的。这种心理往往对事物的认识产生一种完形的“格式”形象认定，从而在接受知觉思维素材时，以所感受到的该事物的整体形象为出发点，即：如果有四个点，就将其联想为四边形。如果有三个点，就将其联想为一个三角形。而看到本题的九个点时，也就很容易将其认定为是一个正方形了。这种不知不觉中形成的“完形”的知觉倾向，以常规思维定式的习惯趋势，非常自然地认定了平面内的这九个点在空间上有一个“边界”。因此也只能在这九个点所组成的正方形“边界”内解决问题，从而以常规的正向思维形式，得出“无解”的结论。虽然常规的正向思维较为容易，但当用常规思路无法解决本题时，“问题意识”就应该帮助突破这种由“完形”心理所构设的“边界”思维框架，向“从来不想”的地方探寻一下，将视线延长至这个“边界”以外的空间中。想象所画的直线能否再长点，只要直线随着拓宽的思路，在拓宽的视野里突破了这九个点的虚拟“边界”，就会发现平面内的这九个点在空间上本来就没有什么“边界”，正解也就出来了。

思维的灵活性是指思维主体的思维活动不受常规思维定式的束缚，不恪守一种稳定的有序性，它是产生“思维飞跃力”的资源，只要思维主体的思维活动不受常规思维定式的束缚，其思维方式、方法等就都舍弃了固定的知识、经验的框架，允许思维的自由跳跃。它往往借助于直觉和灵感，以突发式、飞跃式的形式，改变视点，转换思路，从意想不到的地方入手，使大脑思维能力产生一个质的飞跃，提出虽在意料之外却又在情理之中的、具有新颖独特的，有时甚至是“异想天开”的认识和见解。

当年司马光砸缸，就是突破了“让人离开水”的常规思维定式的束缚，才有了“让水离开人”的创新发想；“天刮风——木桶店就赚钱”也是建立在直觉基础上的在潜意识中对因果关系链条的省略；拉链最初的发明用途仅仅是代替鞋带，而现在几乎能把任何两个物体连接起来。

小提示

“异想天开”是创新思维的一种重要品质和特征。它是思维活泼跃动的一个先决条件。它使既有的知识、经验在创造性解决问题的过程中流动起来，使它们进入全新的思维进程，发挥全新的作用，以此得到更有意义的收获，从而促进丰富的想象力和活跃的创造力。因此，“异想天开”只是对思维僵化呆板的突破，对“思维嵌塞”的拔除，而不是毫无逻辑根据的“胡思乱想”。

（七）思维活动中的技术性方法训练

事物的表现往往是纷繁复杂的，因此解决问题的线索也常常是盘根错节的。当我们对这些盘根错节的线索进行梳理时，经常感到思维能力的不足。此时，一些思维活动中可借用的技术性方法，可以帮助我们在梳理问题线索时，将事物的复杂头绪变得简单清晰，有利于将理性的思维能力与直观的观察力综合在通盘审视、分析、推导的过程中。

思维活动中可借用的一些技术性方法，主要建立在逻辑学基础上，有图表排除法、线条法、填空法、外延图法、真值表法、公式计算法、范式法等。在这些方法中，有的方法非常直观，如线条法、图表排除法；有些方法非常抽象，如范式法。但它们都有一个共同的特点，即只需要短时间的思维训练就可以掌握。当然，要想从基本原理上切实理解这些方法，还需要认真学习一些逻辑学知识，如普通逻辑基本知识和数理逻辑基本知识等。不过，在学习掌握这些学科之前，思维训练并不妨碍我们在解析本节问题中实际运用这些方法。实际上，通过本课训练，我们还是可以大致了解一些更抽象的学科如数理逻辑的初步知识的。建立在逻辑知识基础上的技术性方法，通常有如下几个特点：

第一，这些技术性方法具有清晰明快、一目了然、感性直观的特点。它们能将问题由繁化简，使思维活动能够按照一种经济原则进行。

第二，这些技术性方法可以将思维的理性分析与直接观察的感性知觉综合在一起，不断整理出新的线索、信息，以诱导新思路的连续展开。

第三，具有将零碎材料、条件、信息有机结合起来的特点。利用这些技术性方法，在解析问题的过程中，就可以随时验证结果，不必将众多毫无头绪的线索全部装在脑子里。这实际上也起到了备忘录的重要作用。

第四，方法有其普遍性。某种方法对于适用于这个方法的一类问题都是有意义的。

这些特点，实际上弥补了思维活动中持久力不强的缺憾，因此，它们在解决实际问题中的功效也是十分显著的，可以帮助我们以长击短，反迟为疾。

当然，借助于这些技术性方法，并不意味着思维不在活动。相反，在解题的过程中，大脑时时刻刻在思索，它仍然必须认真分析、理解、掌握、梳理每一个已知条件，时刻注意接受并结合新发掘出来的线索，并综合利用已有的和新出现的条件、线索，不断分析、整理事物之间的各种相互关系。只有这样，才能使思维进程顺利进行下去，直至导出结果。

中国古代文学评论家刘勰在其所著的《文心雕龙·神思》中曾经说过："积学以储宝，酌理以富才。"这里的"理"，当然包括了思维能力与思维方法。事实上，能够掌握、选择并合理制用一切可以利用的方法，这本身就是一种创新能力。它体现了人们在解决问题的过程中，思维活动和操作行为的一种主动性，体现了思维的确定性与灵活性、选择力和持久力、分析力和操作力，在动手动脑过程中的协调统一，发挥了形象脑和逻辑脑的综合效应，从而使我们的创新思维活动进入一个新境界。

训练：爸爸与爸爸

有个公安局长在公园里与人下棋。这时，跑来一个孩子，着急地说：

“你爸爸和我爸爸吵起来了。”这时，旁边人问这个公安局长：“这是你的什么人？”公安局长回答说：“是我的儿子。”

问：吵架的两个人与这个公安局长是什么关系？

答：吵架的两个人分别是公安局长的父亲和丈夫。

训练与分析

由于线索有些缠绕，因此感觉事物关系复杂。对此问题，可以利用线条法的技术性方法，将形象脑与逻辑脑综合使用。所谓线条法是将一对对事物关系用线条来明确表示，然后再将这些一组组的线条组合起来，从中梳理出所需要的信息。在使用线条法时，应先将问题情景中出现的事物用字母 a、b、c、d 代替，关系用线段代之。这样做的意义在于，能将具体的事物抽象概括为形式化的东西，使我们的分析单一化。

下面我们试着用线条法分析本题。

这个孩子是公安局长的儿子，但公安局长却不是孩子的父亲。既然不是父亲，那就是母亲了。我们可用线条法来表示：

设公安局长为 a，孩子为 b，公安局长的父亲是 c，孩子的父亲是 d。

刚开始时，线索之所以有些繁杂，原因在于人们习惯在心理上把在公园下棋的人认定为男性，而且“公安局长”一般来讲也是男性，这就更加强了这种心理认定。如果情景设定与心理认定有矛盾，就应该及时转换思路，从这种心理认定中跳出来，事物之间的关系也就简单了。问题似乎并不十分复杂，及时转换思路也能思考出正确答案。但是，如果问题线索更加交错，事物关系更加复杂，我们就应该利用线条法的技术性方法，将形象脑与逻辑脑综合起来使用了。

【训练活动】

活动一　荒岛逃生

一家私人飞机坠落到荒岛上，只有 6 个人存活：

①孕妇：怀胎八月。

②发明家：正在研究新能源（可再生、无污染）汽车。

③医学家：今年研究艾滋病的治疗方案，已经取得突破性进展。

④宇航员：即将远征太空，寻找适合人类居住的新星球。

⑤生态学家：负责热带雨林抢救工作组。

⑥流浪汉。

这时，逃生工具只有一个能容纳一人的橡皮气球吊篮，没有水和食物。那么，应该由谁乘坐气球离岛呢？

活动二　创业决策

我市今年有 3.9 万名大学生毕业，而仅有 1.7 万个工作岗位面向应届大学生，为解决大学生就业问题，现在人大代表提出以下解决方案：

①创业补贴，对大学生创业的给予补贴（具体措施若干）。

②税费减免，对于录用应届大学毕业生的企业给予税费减免优惠（具体措施若干）。

③实习基地，选择 1000 个企业创办实习基地，为 10000 名学生提供实习指导（具体措施若干）。

④鼓励大学生去建设西部，有考试加分等措施。

⑤鼓励大学生去中小企业工作，给中小企业贷款方面的补贴。

⑥鼓励大学生去城乡基层工作。

如果你是劳动和社会保障部门的工作人员，你将如何解决大学生的就业问题。

训练要求

全班分为小组，每小组 6 人，从以上两个训练活动中二选一，结合前面的创新思维基础知识，进入自由讨论。

①每一个参与者独立地将个人的意见和看法记录下来。

②每个小组的成员在 A4 纸上写出自己的分析和个人看法。

③每一个参与者轮流提出各自意见，并公布出来，在全部意见写完之前不能相互讨论。

④每个小组推选一名代表总结本组意见，准备发言，时间 5 分钟。

⑤训练师对案例中的创新点做出点评与总结，并对每一组优缺点做

出评价，指出进一步努力方向。

【训练小结】

通过以上活动，充分激发学生的创新潜能与思维能力，并通过各小组成员的思维碰撞，达到最优方案。

【训后实践】

本章主要为大学生创新力与创新思维决策的实训，通过创新思维内容介绍、创新意识培养以及创新思维与决策能力提升介绍，运用创新思维方法，通过思维的灵活转换，培养大学生在决策中充分发挥自身的创新潜能，全面开发大学生的创新潜力。通过学习，我们要了解创新思维的思维定式，以及如何破除思维定式，通过科学的训练方法，提高自己的创新力和领导决策力。通过案例实训，了解自己的创新力水平，思考如何充分激发自己的创新潜力，同时要求教师运用自己的学识，参与培养学生的创新及领导决策能力，帮助学生激发自身的创新力，提高学生的领导决策力。

参考文献

[1] 黎奇 . 大学生职业价值观教育与就业竞争力的提升［J］. 教育与职业，2015（17）：90-92.

[2] 张继延 . 大学生职业价值观教育路径［J］. 思想教育研究，2010（9）：47-49.

[3] 张文双，张旭东，农智杰. 大学生就业与创业指导教程［M］. 北京：中国传媒大学出版社，2010.

[4] 王承博，李小平，赵丰年，等 . 大数据时代碎片化学习研究［J］. 电化教育研究，2015，36（10）：26-30.

[5] 刘敬云 . 大学生碎片时间及管理研究［D］. 石家庄：河北师范大学，2017.

[6] 程祝亚 . 大学生学习主动性对学习拖延的影响：时间管理倾向的中介效应［D］. 重庆：西南大学，2013.

[7] 罗天虎 . 创业学教程［M］. 西安：西北工业大学出版社，2004.

[8] 钟谷兰，杨开 . 大学生职业生涯发展与规划［M］. 上海：华东师范大学出版社，2010.

[9] 黄炜，岳素娜，张才纯 . 大学生就业不难［M］. 北京：科学出版社，2008.

[10] 刘惠军 . 动机心理学［M］，北京：开明出版社，2012.

[11] 张素红 . 大学生职业生涯规划与管理［M］. 南京：东南大学出版社，2013.

[12] 周鼎 . 大学生职业规划决策能力现状调查[J]. 教育与职业，2014(34)：78-80.

[13] 张彩霞 . 论大学生职业规划决策能力培养的干预［J］. 黑龙江高教研究，2010（8）：108-110.

[14] 芮小兰 . 大学生职业规划决策能力研究[J]. 中国电力教育，2013(13)：205，212.

[15] 徐宁 . 大学生职业生涯规划咨询案例分析［J］. 职业时空，2013（4）：101-104.

[16] 胡礼祥 . 大学生领导力拓展与训练［M］. 杭州：浙江大学出版社，2011.